# 智慧低碳社区建设
## AI时代城市低碳化路径与实践

潘崇超 柳文洁 古月清◎编著

清华大学出版社
北京

# 内 容 简 介

本书立足智慧低碳社区领域已有研究内容，梳理和汇总了来源权威、关注广泛的新兴研究成果和趋向，在保证内容全面、完善、科学和严谨的基础上，突破现有图书前沿性和代表性相对不足的缺陷，阐述作者对中国智慧低碳社区建设路径的独到见解。

本书共 7 章，涵盖的内容有智慧低碳社区概述、国内外智慧低碳社区的发展历程、智慧低碳社区碳减排量核算方法学、智慧低碳社区建设路径、智慧低碳社区项目实践、智慧低碳社区的标准化、我国智慧低碳社区的未来发展规划。这些内容旨在全面介绍智慧低碳社区的理论知识与发展情况。附录给出智慧低碳社区碳减排量核算表，以方便读者查阅。

本书内容丰富，体系完整，讲解细致入微，一方面总结智慧低碳社区的相关研究成果，为相关领域的研究者和实践者提供参考，另一方面为未来国内社区智慧化和低碳化转型提供理论指导，适合有志于为我国"双碳"目标和社区建设发展贡献力量的相关研究人员和行业从业人员参考。

**图书在版编目（CIP）数据**

智慧低碳社区建设：AI 时代城市低碳化路径与实践 / 潘崇超，柳文洁，古月清编著. —北京：清华大学出版社，2024.4

ISBN 978-7-302-66130-6

Ⅰ．①智… Ⅱ．①潘… ②柳… ③古… Ⅲ．①节能－社区建设－研究－中国 Ⅳ．①TK01 ②D669.3

中国国家版本馆 CIP 数据核字（2024）第 081861 号

责任编辑：王中英
封面设计：欧振旭
责任校对：徐俊伟
责任印制：沈 露

出版发行：清华大学出版社
    网   址：https://www.tup.com.cn，https://www.wqxuetang.com
    地   址：北京清华大学学研大厦 A 座   邮   编：100084
    社 总 机：010-83470000      邮   购：010-62786544
    投稿与读者服务：010-62776969，c-service@tup.tsinghua.edu.cn
    质量反馈：010-62772015，zhiliang@tup.tsinghua.edu.cn
印 装 者：三河市人民印务有限公司
经  销：全国新华书店
开  本：185mm×260mm   印  张：13.75   字  数：287 千字
版  次：2024 年 4 月第 1 版     印  次：2024 年 4 月第 1 次印刷
定  价：69.80 元

产品编号：106300-01

　　随着全球气候变化和经济发展模式的改变，以低能耗、低污染、低排放为特点的低碳经济成为社会发展的风向标。社区作为城市结构的细胞，其结构与密度对城市能源消耗和 $CO_2$（二氧化碳）的排放具有很大的影响。社区是人们生活、居住的主要场所，具有全民参与性和持续性。低碳社区是建设低碳城市，实现社会和谐和可持续发展的重要单元与载体。随着人工智能（Artificial Intelligence，AI）时代的到来，智慧化技术迅猛发展，以低碳为导向的智慧低碳社区应运而生。在我国城市化和信息化的实践中产生、融合与发展智慧低碳社区，是指要充分借助信息技术，将社区家居、社区物业、社区医疗、社区服务、电子商务和网络通信等整合在一个高效的信息系统之中，为社区居民提供安全、高效、舒适、便利的居住环境，从而实现生活和服务的计算机化、网络化、智能化、低碳化，这是一种基于大规模信息智能处理的新的社区管理形态。身处 AI 时代，建设智慧低碳社区可以更好地将绿色发展和循环经济理念落到实处，具有重要的实践意义。

　　本书以智慧低碳社区为研究对象，以建设内容为抓手开展研究，首先介绍国内"双碳"的政策背景，指出"1+N"的政策体系能够支撑智慧低碳社区的实现，然后通过研究国内外智慧低碳社区的发展背景，指出目前我国智慧低碳社区的建设与发展尚处于起步期，国内智慧低碳社区的相关理论研究与实践、评价体系、指标划分与建设尚未完善。本书根据国家发展和改革委员会下发的《关于开展低碳社区试点工作的通知》和《低碳社区试点建设指南》提出的低碳社区开展试点过程中的基本要求、试点实施、城市新建社区试点、城市既有社区试点、农村社区试点、保障措施等内容，提出智慧低碳社区的概念，包括低碳的定义和智慧化手段，并将智慧低碳社区建设分为低碳社区建设、低碳运行管理和低碳生活营造三方面，结合实际案例阐明智慧低碳社区建设的重要性。本书还通过梳理智慧低碳社区的重点标准，得出智慧低碳社区标准体系的需求，并通过对智慧低碳社区的研究，构建出我国智慧低碳社区的标准体系。另外，本书通过进一步研究我国已有智慧低碳社区的相关标准和文件，分析并总结其不足之处，得出我国未来智慧低碳社区的重点标准制定方向和重点领域，总结出智慧低碳社区未来标准发展蓝图的关键要素。

　　本书内容丰富，体系完整，讲解细致入微，并提供专业、完善的配套教学课件（PPT）及相应课后习题，旨在帮助读者更好地理解和学习智慧低碳的相关知识，从而为我国"双碳"目标和社区建设发展做出贡献。

　　本书配套教学课件（PPT）等相关资源需要读者自行下载。请关注微信公众号"方大卓越"，回复数字"24"，即可获取下载链接；也可在清华大学出版社官网（www.tup.com.cn）上搜索到本书，然后在本书页面上找到"资源下载"栏目，单击"课件下载"按钮进行下载。

　　虽然参与编写的人员对本书内容进行了多次审核，力求准确，但因时间所限，加之本书涉及面较广，书中可能还存在疏漏与不足之处，恳请读者批评和指正，联系邮箱为bookservice2008@163.com。

潘崇超

2024 年 2 月

# 目录

# 第 1 章　智慧低碳社区概述

本章讨论智慧低碳社区产生的背景，并提出智慧低碳社区的概念、建设要点和多维价值。智慧低碳社区在响应中国"碳达峰"和"碳中和"目标，应对气候变化，通过智能技术和绿色策略减少碳排放，从而提升生活质量发挥着重大作用。智慧低碳社区结合环境保护、经济效益和社会进步，展现出解决气候挑战、实现双碳目标和可持续发展的潜力。

## 1.1　智慧低碳社区产生的背景

气候变化是全人类面临的共同挑战。我国一贯高度重视应对气候变化工作，坚定不移走生态优先、绿色发展之路，是全球生态文明建设的重要参与者、贡献者和引领者。

2020 年 9 月，中国国家主席习近平在第七十五届联合国大会一般性辩论上正式宣布："中国将提高国家自主贡献力度，采取更加有力的政策和措施，二氧化碳排放力争于 2030 年前达到峰值，努力争取 2060 年前实现碳中和。"

实现碳达峰、碳中和，是以习近平同志为核心的党中央经过深思熟虑作出的重大战略决策，是着力解决资源环境约束突出问题、实现中华民族永续发展的必然选择，也是构建人类命运共同体的庄严承诺。

习近平总书记在党的二十大报告中强调，"立足我国能源资源禀赋，坚持先立后破，有计划分步骤实施碳达峰行动""完善能源消耗总量和强度调控，重点控制化石能源消费，逐步转向碳排放总量和强度'双控'制度"。

在这样的大背景下，推动智慧低碳社区的建设成为我国实现碳达峰、碳中和的重要一环。

### 1.1.1　全球气候变化的挑战

应对全球气候变化是 21 世纪最大的挑战之一。全球气候变化不仅威胁着地球的自然系统，更直接影响到人类社会的经济、健康和生活质量。随着全球经济的增长，气候变化问题表现得愈发严重，全球变暖、冰川退缩、季节性雾霾等现象已经成为不可忽视的现实。这些环境问题不仅对自然生态系统构成了破坏，而且对人类的生存环境和社会经济发展构成了直接威胁。

### 1. 全球变暖的影响

全球变暖是由于温室气体排放增加，特别是 $CO_2$ 的排放增加而导致地球大气层和海洋温度升高。这种温度的增加引发了一系列连锁反应：极端气候事件的频率和强度增加，如热浪、飓风、洪水和干旱；海平面上升威胁沿海地区，可能导致人口迁移和社会不稳定；农业生产模式受到影响，粮食安全面临威胁；生物多样性和生态系统服务受到损害，影响人类福祉。

### 2. 冰川融化的后果

冰川作为地球上的淡水储存库，其在近些年的融化对全球水资源有着深远的影响，见图 1-1。随着冰川的融化，一些地区的水资源将变得稀缺，而另一些地区则可能面临洪水的威胁。同时，冰川融化还会影响到地球的能量平衡和气候系统，这是由于冰雪具有高反射率，能够反射太阳辐射，减少地表对热量的吸收。

图 1-1　冰川融化

### 3. 季节性雾霾的危害

工业化和城市化进程中产生的大量污染物，特别是颗粒物和有害气体，造成了季节性雾霾现象，见图 1-2。雾霾不仅降低了能见度，影响交通安全，还会对人类的呼吸系统和心血管系统造成严重损害。长期暴露在污染环境中的人群，患呼吸道疾病和心脏病的风险显著增加。

图 1-2　季节性雾霾

### 4．气候变化对社区建设的挑战

在全球范围内，为应对环境挑战，特别是气候变化的严峻影响，国际社会普遍倡导建立绿色低碳循环经济体系。这一转变的核心是减少对化石燃料的依赖，提高能源效率，促进可再生能源的使用，并减少经济活动中温室气体的排放。城市作为人口密集和能源消耗集中的区域，其在转型过程中扮演着至关重要的角色。

《巴黎协定》的签署是国际社会共同努力的一个里程碑，该协议要求各国制定并实施国家自定贡献（National Determined Contributions，NDCs），以限制全球平均气温上升 2℃以上，并努力将其控制在 1.5℃以内。为了达成这些目标，各国政府积极寻找和实施各种策略，以减少温室气体排放，并逐步过渡到低碳经济。智慧低碳社区概念为人们提供了新思路，成为实现这一目标的有效途径之一。

智慧低碳社区集成创新技术和智能管理系统，从而优化资源使用，减少能源消耗，同时提高生活质量。这些社区通常应用物联网（The Internet of Things，IoT）技术，实现能源、水、交通和废物管理的智能化。例如，智能电网可以调节电力供应和需求，减少浪费；普及电动车和共享出行可以减少交通领域的碳排放；智能水表和垃圾分类回收系统则有助于提高资源的循环利用率。

建设智慧低碳社区还需要城市规划师、建筑师、工程师和政策制定者之间的紧密合作。例如，通过采用绿色建筑设计，如建筑物的热效率优化、太阳能发电和雨水收集系统的集成，可以大大降低建筑的能耗和碳排放；城市绿化和屋顶花园不仅可以改善城市的微气候，还能促进生物多样性并为居民提供休闲空间。

政府在推动绿色低碳经济体系建设中发挥着关键作用。除了制定符合《巴黎协定》目标的政策外，政府还可以通过提供财政激励措施，如税收减免、补贴和绿色信贷，鼓励企业和个人采取低碳行动。此外，政府还可以通过立法强制执行能源效率标准，限制高碳排放产品的使用，并推广绿色采购。

教育的普及和公众意识的提升也是推动绿色低碳经济体系发展的关键因素。通过普及教育，公众可以了解气候变化的严重性，以及个人和社区可以采取哪些行动来减少碳足迹。公众参与可以通过社区活动、志愿服务和公民科学项目等形式实现，这些活动不仅能增强社区的凝聚力，还能推动环境保护切实施行。

国际合作也是实现绿色低碳转型的关键。发达国家和发展中国家之间的技术转移、资金支持和经验分享对提高全球应对气候变化的能力至关重要。例如，通过国际气候资金机制，如全球环境基金（Global Environment Fund，GEF）和绿色气候基金（Green Climate Fund，GCF），为发展中国家提供资金，帮助其投资低碳技术和基础设施。

总而言之，建立绿色低碳循环经济体系是一个复杂的过程，它要求政府、企业、社区和个人之间紧密合作和共同承诺；通过实施国际协议如《巴黎协定》《京都议定书》，制定和执行具有前瞻性的政策，利用技术创新朝着更加可持续和环境友好的未来迈进。在这样的背景下，全球各地都在积极探索通过技术创新和政策改革来实现经济增长与环境可持续性的平衡。智慧低碳社区就是在这样的背景下应运而生的城市发展新模式。

## 1.1.2 碳达峰和碳中和政策体系

目前，我国已建立碳达峰和碳中和"1+N"政策体系。"1"由2021年10月24日中共中央、国务院发布的《关于完整准确全面贯彻新发展理念做好碳达峰碳中和工作的意见》（以下简称《意见》）和同年10月26日国务院发布的《2030年前碳达峰行动方案》（以下简称《方案》）两份文件共同组成。"N"是指重点领域、重点行业实施方案及相关支撑保障方案。同时，各省区市均已制定了本地区碳达峰实施方案。总体上已构建起目标明确、分工合理、措施有力、衔接有序的碳达峰、碳中和政策体系。

### 1. "1"——顶层设计

顶层设计文件包括两份中央文件，即《意见》和《方案》，贯穿碳达峰、碳中和两个阶段。实现"双碳"目标是一项复杂的系统工程，本《意见》和《方案》概况具有以下特点：

"宏观—中观—微观"的碳达峰、碳中和工作多层次推进框架在《意见》和《方案》中形成。为了实现"双碳"目标，《意见》和《方案》都建立了"宏观—中观—微观"的碳达峰、碳中和工作多层次推进框架，并形成了宏观、中观和微观的战略布局。

从宏观层面来看，《意见》和《方案》明确提出了一系列具体内容，包括强化绿色低碳发展规划引领、优化绿色低碳发展区域布局、健全法律法规以及完善政策机制等。重点打造绿色低碳循环经济体系，明确国土空间用途管制的低碳责任。同时，还加快推进碳达峰、碳中和领域相关立法工作，确保形成决策科学、目标清晰、市场有效、执行有力的国家气候治理体系。

从中观层面来看，《意见》和《方案》要求各地落实领导干部生态文明建设责任制。地方各级党委和政府要坚决承担碳达峰、碳中和的责任，明确目标任务，并制定相应的落实举措。各省、自治区、直辖市人民政府要按照国家总体部署，结合本地区资源环境禀赋、产业布局、发展阶段等情况，坚持全国统一规划，科学制定碳达峰行动方案，提出符合实际可行的碳达峰时间表、路线图和施工图，避免盲目限电、限产或一味追求减碳。

从微观层面来看，《意见》和《方案》提出了推进市场化机制建设的要求，积极发展绿色金融，健全企业、金融机构等的碳排放报告和信息披露制度。同时，利用减税、价格调控等激励政策推动企业进一步提高自主低碳绩效。重点用能单位要核算自身的碳排放情况，深入研究碳减排路径，制定针对性的专项工作方案，确保"一个企业一项策略"的落地执行。

《意见》和《方案》充分阐述了"远期"和"短期"的关系以及"总体"和"局部"的关系。双碳顶层设计文件中的主要内容如表 1-1 所示。

表 1-1　《意见》与《方案》中的主要内容

| 年　份 | 《意见》中的主要内容 | 《方案》中的主要内容 |
|---|---|---|
| 2025年 | □ 绿色低碳循环发展的经济体系初步形成，重点行业能源利用效率大幅提升；<br>□ 单位国内生产总值能耗比2020年下降13.5%；<br>□ 单位国内生产总值二氧化碳排放比2020年下降18%；<br>□ 非化石能源消费比重达到20%左右；<br>□ 森林覆盖率达到24.1%；<br>□ 森林蓄积量达到180亿立方米。 | □ 非化石能源消费比重达到20%左右；<br>□ 单位国内生产总值能源消耗比2020年下降13.5%；<br>□ 单位国内生产总值二氧化碳排放比2020年下降18%。 |
| 2030年 | □ 单位国内生产总值二氧化碳排放比2005年下降65%以上；<br>□ 非化石能源消费比重达到25%左右；<br>□ 风电、太阳能发电总装机容量达到12亿千瓦以上；<br>□ 森林覆盖率达到25%左右；<br>□ 森林蓄积量达到190亿立方米。 | □ 非化石能源消费比重达到25%左右；<br>□ 单位国内生产总值二氧化碳排放比2005年下降65%以上；<br>□ 顺利实现2030年前碳达峰目标。 |

| 年　　份 | 《意见》中的主要内容 | 《方案》中的主要内容 |
|---|---|---|
| 2060年 | □ 绿色低碳循环发展的经济体系和清洁低碳安全高效的能源体系全面建立，能源利用效率达到国际先进水平；<br>□ 非化石能源消费比重达到80%以上。 | |

碳达峰和碳中和的实现需要进行广泛而深刻的经济社会系统性变革。为了完成短期行动任务，同时又能实现远期目标，需要采取"攻坚战"和"持久战"策略，并科学规划各地区、各行业实现碳达峰的优先顺序，以实现全国碳达峰和碳中和目标。《意见》和《方案》的整体性体现如下：

在时间上，强调远期目标与近期行动的关系。《意见》和《方案》分别列出了 2025年、2030 年和 2060 年的主要目标。从长期来看，要建立绿色低碳循环发展的经济体系和清洁低碳安全高效的能源体系。从短期来看，要将碳达峰和碳中和纳入生态文明建设的整体规划，确保减碳、节能和控制污染的有效联动。同时，《意见》和《方案》锚定"3060"目标，制定了分地区、分行业的碳达峰行动方案，将远期目标分解为短期行动，按照时间顺序和重要性有针对性地实施不同的减排策略。

在空间上，准确把握总体达峰和局部达峰的关系。《意见》和《方案》明确提出要进行全国统筹，采取一盘棋策略。要加强顶层设计，发挥制度优势，实行党政同责，压实各方责任。根据各地的实际情况，要分类施策，鼓励主动作为，率先实现碳达峰。在考虑地区发展的阶段差异时，要根据各地区的主体功能定位，制定各地区同向但不同步的碳达峰路线图，遵循共同但有区别的原则。《意见》和《方案》形成了多领域、多行业、多角度的碳达峰行动路径和政策体系，如图 1-3 所示。

碳达峰、碳中和涉及经济、社会、环境、政策、金融和技术等多个方面，是一个综合性问题。在实现碳达峰、碳中和的过程中，既要考虑经济的高速发展，也要考虑生活质量的不断提高，然而，最终目标是通过各种方式尽可能地减少温室气体的排放。

《意见》和《方案》以经济社会发展全面转向绿色为引导，关键手段包括深度调整产业和能源结构、建设低碳交通和城乡，以及增加生态系统的吸收能力。科技创新是实施过程的核心驱动力，法律法规标准和统计监测体系的健全以及政策机制和组织落实的完善是保障措施。从遏制盲目发展的高耗能项目和加强能耗双控，到推动能源生产和消费结构向低碳化转型，再到工业部门的碳减排和脱碳，以及交通运输领域的电动化和推广城市绿色低碳建筑和深度节能等多个重要环节，明确了我国碳达峰、碳中和的工作路线图和施工图。同时，也优化形成了一系列完善、有效的政策工具，例如能耗双控和碳强度考核政策、碳排放交易体系、财税价格政策等。

制定《意见》和《方案》意味着我国双碳"1+N"政策体系中的最核心部分已经完成，标志着我国双碳行动进入了实质性的落实阶段，同时也代表着我国社会经济高质量发展迈向了新的阶段。

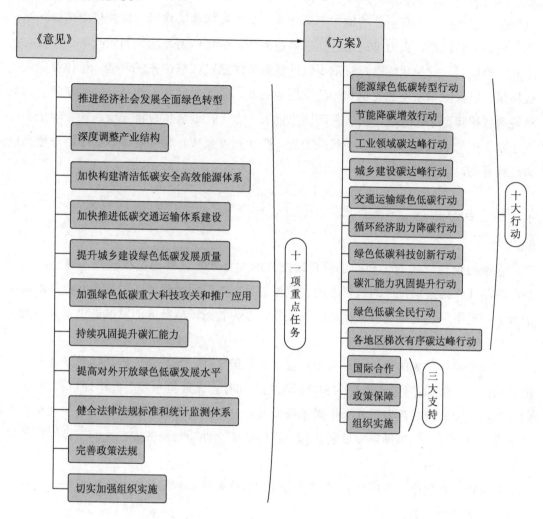

图 1-3　《意见》与《方案》碳达峰路径比较

## 2. "N"——各方统筹

"1+N"政策体系中，"N"是重点领域、重点行业的实施方案，也是相关支撑保障方案，同时各省区市也制定了本地区碳达峰实施方案。总体来说，已经构建起目标明确、分工合理、措施有力、衔接有序的碳达峰、碳中和政策体系。

"N"包括能源、工业、交通运输、城乡建设等分领域分行业碳达峰实施方案，以及科技支撑、能源保障、碳汇能力、财政金融价格政策、标准计量体系、督察考核等保障方案。

《方案》将碳达峰、碳中和实施方案细化为十大行动和三大支持。《方案》要求全国一盘棋，强化顶层设计和各方统筹。各地区、各领域、各行业因地制宜、分类施策，明确既符合自身实际又满足总体要求的目标任务。全面准确认识碳达峰行动对经济社会发展的深远影响，加强政策的系统性、协同性。抓住主要矛盾和矛盾的主要方面，推动重点领域、重点行业和有条件的地方率先达峰。更好发挥政府作用，构建新型举国体制，充分发挥市场机制，大力推进绿色低碳科技创新，深化能源和相关领域改革，形成有效激励约束机制。立足我国富煤贫油少气的能源资源禀赋，坚持先立后破，稳住存量，拓展增量，以保障国家能源安全和经济发展为底线，争取时间实现新能源的逐渐替代，推动能源低碳转型平稳过渡，切实保障国家能源安全、产业链供应链安全、粮食安全和群众正常生产生活，着力化解各类风险隐患，防止过度反应，稳妥有序、循序渐进地推进碳达峰行动，确保安全降碳。

### 1.1.3 国家政策的引导

在应对全球气候变化和推进可持续发展的大背景下，我国已经确立了绿色发展理念，并将其作为国家发展的重要方向。政策的导向不仅明确提出了要打造共建共治共享的社会治理格局，而且还着重推进绿色发展，这为智慧低碳社区的发展提供了坚实的政策支持和明确的发展方向。

在国家层面，我国通过一系列顶层设计的政策文件，为智慧低碳社区的发展确立了框架和路径。例如，《中华人民共和国国民经济和社会发展第十四个五年规划和 2035 年远景目标纲要》将绿色发展作为中国未来发展的一个重要方面，明确提出了加强生态文明建设、推动绿色低碳循环发展的目标。这些政策文件为智慧低碳社区的建设提供了指导原则和行动指南。

在具体实施层面，我国出台了一系列具体措施来推动智慧低碳社区的发展，包括但不限于以下几个方面：

在政策激励和财政支持方面，政府为低碳技术和绿色建筑的研发、推广提供政策支持。同时，政府还设立了绿色发展基金，支持与智慧低碳社区相关的科技创新和基础设施建设。在我国"1+N"政策框架下，智慧低碳社区建设运行的相关政策文件见表 1-2。

表 1-2 智慧低碳社区的建设运行政策文件

| 政 策 名 称 | 发文机构 | 发文时间 |
| --- | --- | --- |
| 关于完善能源绿色低碳转型体制机制和政策措施的意见 | 国家发展改革委、国家能源局 | 2022.01.30 |
| "十四五"现代能源体系规划 | 国家发展改革委、国家能源局 | 2022.03.23 |
| "十四五"可再生能源发展规划 | 国家发展改革委等九部门 | 2021.10.21 |
| 能源碳达峰碳中和标准化提升行动计划 | 国家能源局 | 2022.10.09 |
| 五部门关于开展第三批智能光伏试点示范活动的通知 | 工业和信息化部等五部门 | 2022.11.14 |

| 政策名称 | 发文机构 | 发文时间 |
|---|---|---|
| 关于进一步做好新增可再生能源消费不纳入能源消费总量控制有关工作的通知 | 国家发展改革委等三部门 | 2022.11.16 |
| 国家能源局综合司关于积极推动新能源发电项目应并尽并、能并早并有关工作的通知 | 国家能源局 | 2022.11.28 |
| 国家能源局关于加快推进能源数字化智能化发展的若干意见 | 国家能源局 | 2023.03.28 |
| "十四五"节能减排综合工作方案 | 国务院 | 2022.01.24 |
| 减污降碳协同增效实施方案 | 生态环境部等七部门 | 2022.06.17 |
| 国家工业和信息化领域节能技术装备推荐目录（2022年版） | 工业和信息化部 | 2022.12.02 |
| 关于进一步加强节能标准更新升级和应用实施的通知 | 国家发展改革委、市场监督总局 | 2023.03.20 |
| 重点用能产品设备能效先进水平、节能水平和准入水平（2024年版） | 国家发展改革委、市场监督总局 | 2024.02.07 |
| 关于推动城乡建设绿色发展的意见 | 中共中央办公厅、国务院办公厅 | 2021.10.21 |
| "十四五"建筑业发展规划 | 住房和城乡建设部 | 2022.01.27 |
| "十四五"推进农业农村现代化规划 | 国务院 | 2022.02.11 |
| "十四五"住房和城乡建设科技发展规划 | 住房和城乡建设部 | 2022.03.12 |
| "十四五"建筑节能与绿色建筑发展规划 | 住房和城乡建设部 | 2022.03.12 |
| 农业农村减排固碳实施方案 | 农业农村部、国家发展改革委 | 2022.06.29 |
| 城乡建设领域碳达峰实施方案 | 住房和城乡建设部、国家发展改革委 | 2022.07.13 |
| 建设国家农业绿色发展先行区　促进农业现代化示范区全面绿色转型实施方案 | 农业农村部等五部门 | 2022.11.14 |
| 关于扩大政府采购支持绿色建材促进建筑品质提升政策实施范围的通知 | 财政部等三部门 | 2022.10.25 |
| "十四五"乡村绿化美化行动方案 | 国家林业和草原局等四部门 | 2022.10.31 |
| 环境基础设施建设水平提升行动（2023—2025年） | 国家发展改革委等三部门 | 2023.07.25 |
| 数字交通"十四五"发展规划 | 交通运输部 | 2021.12.22 |
| "十四五"现代综合交通运输体系发展规划 | 国务院 | 2022.01.18 |
| 绿色交通"十四五"发展规划 | 交通运输部 | 2022.01.21 |
| 绿色交通标准体系（2022年） | 交通运输部 | 2022.08.23 |
| "十四五"循环经济发展规划 | 国家发展改革委 | 2021.07.07 |
| 关于组织开展可循环快递包装规模化应用试点的通知 | 国家发展改革委等三部门 | 2021.12.08 |
| 关于组织开展废旧物资循环利用体系示范城市建设的通知 | 国家发展改革委等七部门 | 2022.01.21 |
| 关于深入推进公共机构生活垃圾分类和资源循环利用示范工作的通知 | 国家机关事务管理局等四部门 | 2022.08.31 |

| 政 策 名 称 | 发文机构 | 发文时间 |
|---|---|---|
| 关于加强县级地区生活垃圾焚烧处理设施建设的指导意见 | 国家发展改革委等五部门 | 2022.11.29 |
| 科技支撑碳达峰碳中和实施方案（2022—2030年） | 科技部等九部门 | 2022.08.18 |
| "十四五"能源领域科技创新规划 | 国家能源局、科学技术部 | 2022.10.25 |
| "十四五"生态环境领域科技创新专项规划 | 科技部等五部门 | 2022.11.02 |
| 2022年绿色低碳公众参与实践基地征集活动方案 | 生态环境部 | 2023.12.07 |

在法规和标准制定方面，通过制定和完善绿色建筑标准、能效标签制度等法律法规，提高建筑能效，推广使用清洁能源。同时，通过智慧城市标准体系的建立，引导智慧低碳社区的规划、建设和管理。

在示范项目和试点城市方面，在全国范围内选择部分城市和社区作为智慧低碳社区的示范项目，通过试点经验的总结和推广，形成可复制、可推广的模式。

在公众参与和社会协同方面，鼓励公众参与绿色生活实践，如垃圾分类、绿色出行等，并通过社会组织、企业和居民的共同参与，形成共建共治共享的社会治理格局。

在国际合作和交流方面，我国积极参与国际气候变化合作，学习借鉴国际上成功的智慧低碳社区建设经验，通过技术交流和合作项目，提升我国智慧低碳社区建设水平。

在智慧低碳社区的具体实施中，我国特别强调智能技术的应用。其中包括利用物联网、大数据、云计算等信息技术对社区的能源、交通、建筑、环境等进行智能化管理。例如，通过安装智能电表和水表，可以让居民实时监控自己的能源消耗，从而更有效地节约能源。社区内的共享单车、电动汽车充电桩等设施，则方便居民采取低碳出行方式。

智慧低碳社区还注重生态环境的保护和改善。城市绿化、屋顶花园、雨水收集和再利用系统等绿色基础设施的建设，不仅优化了城市的生态功能，而且也提升了居民的生活质量。

通过这些措施，智慧低碳社区成为我国生态文明建设的重要组成部分，展现了政府推进绿色发展的决心。

我国政府通过制定政策、提供财政支持、建立标准体系、示范项目推广、公众参与和国际合作等多种方式，全方位地推动智慧低碳社区的发展。这些举措不仅促进了低碳技术和产业的发展，而且为居民提供了更加健康、舒适、便捷的生活环境，同时也为应对全球气候变化做出了中国贡献。

## 1.1.4 经济发展与居民生活水平的升高

随着经济的高速发展，居民的收入水平普遍提高，人们对生活品质的要求也随之提升。传统的居住模式和生活方式已经不能满足现代人追求健康、便捷、舒适生活的需求。高质量的绿色低碳生活成为新的社会愿景，智慧社区作为一种新型居住理念和生活方式应运而生，从而满足这一发展趋势。

智慧低碳社区的发展是经济发展与提升居民生活水平相结合的产物。它通过高科技手段整合社区资源，优化能源的使用，减少碳排放，提高居民生活的便利性和舒适性，从而推动经济的可持续发展和居民生活质量的双重提升。

在智慧低碳社区中，智能化的家居管理系统能够实时监控能源消耗，并通过数据分析为居民提供节能建议，甚至自动调节电器运行状态，以减少不必要的能耗。例如，智能温控系统能够根据室内外温度和居民的活动模式，自动调节室内温度，既能保证居住的舒适度，又能实现节能减排。

在交通方面，智慧低碳社区推广电动车、共享单车等低碳出行方式，配备智能充电桩，通过 App 为居民提供实时的公共交通信息，鼓励居民选择更环保的出行方式。此外，社区内的智能交通管理系统还能够优化车辆行驶路线，减少交通拥堵，降低汽车尾气排放。

在建筑设计上，智慧低碳社区采用绿色建筑材料和节能技术，如屋顶绿化、太阳能光伏板、雨水收集系统等，这些设计不仅降低了建筑的能耗，还提高了居民的生活质量。屋顶花园和垂直绿化墙等绿色设施为居民提供了休闲放松的空间，同时也增加了城市的绿色面积，改善了城市环境。

在社区服务方面，智慧低碳社区通过互联网平台提供各种便民服务，如在线支付、智能快递柜、远程医疗咨询等，大大提高了居民生活的便利性。同时，社区内还会定期举办绿色生活教育活动，提高居民的环保意识，鼓励居民参与垃圾分类和节水节电等环保实践。

此外，智慧低碳社区还注重经济效益与环境效益的结合，通过建立社区共享经济平台，促进资源共享，减少资源浪费。例如，共享厨房、共享书屋等设施，不仅方便了居民，也减少了资源消耗，实现了经济效益与环境效益的双赢。

智慧低碳社区的发展不仅响应了经济发展和居民生活水平提高所带来的新需求，而且通过智能化、低碳化的创新实践，为居民提供了更高品质的生活方式。它代表了未来社区发展的趋势，是实现经济、社会和环境可持续发展的重要途径。随着技术的不断进步和居民环保意识的不断提高，智慧低碳社区将在提升居民生活水平的同时，为构建生态文明社会做出更大的贡献。

## 1.1.5　信息技术的飞速发展

在 21 世纪的信息时代，互联网、物联网、大数据、云计算等信息技术的飞速发展已经深刻改变了人们的生活方式和社会运行模式。这些技术的进步为智慧社区的建设提供了坚实的技术基础和广阔的发展空间，使得智能化、自动化的社区管理不再只是概念，而已经成为或正在成为现实。

智慧社区是一个综合应用信息技术的生态系统，它通过互联网将社区居民、服务提供者、管理者以及相关设施、设备连接起来，实现信息的实时交流和资源的高效利用。在智慧社区中，信息技术的应用体现在以下几个方面。

互联网和物联网的融合应用：物联网技术使得家居设备、能源管理系统、安防监控、环境监测等都能够通过传感器连接到互联网，以实现数据的实时采集和远程控制。居民可以通过智能手机或其他移动设备，随时随地监控和管理家中的电器、照明、暖通系统，甚至是门锁。社区物业管理者也可以通过物联网平台实时监控社区的安全和能源使用情况，及时响应居民需求和突发事件。

大数据的集成与分析：智慧社区产生的海量数据通过大数据技术进行分析和处理，可以为社区管理和服务提供决策支持。例如，通过分析居民能源使用数据，可以优化能源分配，降低整个社区的能耗。通过分析居民行为数据，可以更好地理解居民的需求，以为其提供更加个性化的服务。

云计算的支持：云计算提供了强大的数据存储和处理能力，支持智慧社区中大量的数据运算和服务的云端部署。社区服务提供者可以将应用程序部署在云平台上，居民可以通过互联网访问这些服务，享受便捷的在线支付、预约服务等功能。同时，云计算的弹性伸缩能力保证了服务的稳定和可靠。

安全与隐私保护技术：随着智慧社区对个人数据的依赖性增加，安全与隐私保护技术也成为其建设的重要组成部分。安全与隐私保护技术通过加密、访问控制、数据匿名化等手段，可以防止居民的个人信息在未经授权的情况下被访问和滥用。

人工智能（后称 AI）的辅助决策：AI 技术在智慧社区中的应用能够对居民的行为模式进行学习，预测社区的服务需求，自动调整资源分配。例如，智能推荐系统可以根据居民的历史行为向居民推荐其可能感兴趣的社区活动或服务。

通过这些信息技术的应用，智慧社区不仅可以提高管理效率和居民的生活质量，而且可以实现能源的高效使用和环境保护，从而推动社区的低碳发展。智慧社区的建设，可以实现从被动响应到主动服务的转变，从单一管理到综合服务的升级，为居民提供一个安全、便捷、舒适、节能的居住环境。

信息技术的飞速发展可以为智慧社区的构建提供技术支撑，使得社区管理更加智能化、自动化。在未来，随着信息技术的不断进步和创新，智慧社区将进一步向着更加高效、绿色、智能的方向发展，从而为居民生活和社会可持续发展做出更大的贡献。

## 1.1.6　社区治理与参与模式的创新

智慧低碳社区的发展不仅局限于技术层面的革新，它更深层次地涉及社区治理结构的重构和居民参与机制的创新。在这个模式下，社区居民不再是被动的服务接受者，而是社区建设与管理的积极参与者，与社区管理者共同推动社区治理的优化与升级。

在智慧低碳社区中，居民的参与不再局限于传统的意见反馈或者临时的集会讨论，更多的是通过智能平台的辅助，实现更为广泛、深入和实时的参与。居民可以通过社区管理 App 等平台，直接参与社区的决策过程，对社区的服务质量、环境改善、活动组织等方面提出建议和反馈。居民的意见可以即时传达给社区管理者，管理者则可以迅速响应，这种双向互动能极大地提高社区治理的透明度和效率。

智慧低碳社区的治理模式创新主要体现在以下几个方面：

❏ 数据驱动的决策制定：通过收集和分析社区内的大量数据，管理者可以更准确地把握社区的运行状态和居民需求，从而作出更加科学的决策。例如，通过分析居民的能源使用数据，可以有效地调整能源供应，实现节能减排。

❏ 平台化的服务管理：智慧社区通过建立统一的服务管理平台，集成各类服务资源，使居民可以在一个平台上享受到多元化的服务，提高服务的便捷性和满意度。

❏ 协同治理的社区管理：智慧社区鼓励居民、社区管理者、服务供应商、政府部门等多方参与社区治理，形成协同治理的格局。各方利益相关者可以在平台上共享信息，协调行动，共同解决社区面临的问题。

居民的主动参与是智慧低碳社区治理模式创新的核心。智慧社区通过提供便捷的互动平台，激发居民的参与热情，让居民真正成为社区治理的合作伙伴。这种参与不仅限于社区事务的决策，而且还包括居民对社区环境、资源使用、活动组织等方面的自发管理和监督。

智能平台的支持是实现社区参与治理模式创新的技术保障。通过智能平台，社区可以实现资源的有效整合、信息的快速流通、服务的精准对接和问题的即时处理。平台的数据分析和 AI 算法可以为社区治理提供决策支持，预测和解决潜在问题。

虽然智慧低碳社区的模式带来了诸多优势，但也面临着包括技术门槛、居民隐私保护、数字鸿沟等挑战。对此，社区需要建立相应的机制来应对。

❏ 提升居民的数字素养。通过教育培训，提高居民对智慧社区平台的使用能力和安全意识，减少数字鸿沟。

❏ 加强数据安全与隐私保护。建立健全的数据安全管理制度能确保居民信息的安全和隐私不被侵犯。

❑ 构建包容性的治理结构。确保所有居民，包括老年人、残疾人等，都能平等地参与社区治理，享受智慧社区带来的便利。

在智慧低碳社区的发展背景下，社区参与与治理模式的创新是社区可持续发展的关键。通过技术赋能和居民参与，智慧社区能够实现治理的现代化，从而提高居民的生活质量，促进经济、社会和环境的和谐发展。未来，随着信息技术的不断进步和社会的快速发展，智慧低碳社区将成为城市发展的重要趋势，为全球可持续发展目标的实现贡献力量。

## 1.1.7　智慧低碳社区建设的现状与问题

智慧低碳社区作为一种新型的社区发展模式，旨在通过高科技手段实现资源节约和环境友好的社区生活。在我国，这一概念正在逐渐被推广。但目前我国的智慧低碳社区建设尚处于起步阶段，存在规划建设、开发建设及运营维护等问题，如政策法规不完善、技术应用不成熟、居民低碳消费观念淡薄等。

在规划建设方面：首先是政策法规不完善，我国的智慧低碳社区建设还没有形成一套完整的政策法规体系。现有的政策法规多数是在传统社区建设基础上的简单延伸，缺乏针对性和可操作性，不利于智慧社区的特色发展；其次是统筹规划不足，部分地区在智慧社区的规划设计阶段缺乏前瞻性和整体性，导致社区建设后期出现基础设施不匹配、资源配置不合理等问题；最后是绿色建筑标准不统一，虽然我国在绿色建筑方面做了大量工作，但在不同地区，绿色建筑的标准和评价体系存在差异，影响了智慧低碳社区建设的统一推进。

在开发建设方面：首先是技术应用不成熟，一些高新技术在实际应用中还不够成熟，存在稳定性和可靠性问题，例如物联网技术在实际运行中可能出现设备兼容性差、系统不稳定等问题；其次是资金投入不足，智慧社区的建设需要大量的初期投资，但从目前的情况来看，无论是政府还是私人投资者，对这种新型社区的投资还不够充分；最后是建设标准不一，由于缺乏统一的建设标准，不同地区、不同开发商建设的智慧社区在智能化水平、低碳指标上存在较大差异。

在运营维护方面：首先存在运营模式单一的问题，现有的智慧社区运营主要依赖物业公司，缺乏多元化的运营模式，不利于形成有效的市场竞争机制；其次是智慧社区的服务内容丰富，但服务质量参差不齐，一些高科技服务因操作复杂、维护不到位等原因，难以得到居民的广泛认可；最后，由于智慧社区依赖的高科技设备和系统需要定期维护和更新，导致运营维护成本较高。

在居民方面，首先是居民低碳消费观念淡薄，尽管政府在推广低碳生活方式，但普通居民的低碳消费观念仍然不强，没有养成节能减排的生活习惯；其次是居民参与度不高，居民对智慧社区的理解和接受程度不一，导致其在实际操作中参与度不高，于是，智慧社区的各项功能得不到充分利用；最后，社区教育培训不足，导致居民对智慧社区中的智能设备和系统的使用不熟悉，缺乏相应的教育培训，影响了智慧社区功能的发挥。

我国的智慧低碳社区建设虽然已经取得了一定的进展，但仍存在不少问题。为了推动低碳智慧社区的健康发展，需要从政策法规的完善、技术标准的统一、资金投入的增加、运营模式的创新、居民参与度的提升等多方面入手，综合施策，共同推进。同时，智慧社区的建设者和运营者需要更加注重居民的实际需求，提升服务质量，降低运营成本，真正实现智慧社区的可持续发展。

# 1.2　智慧低碳社区的概念

社区不仅仅是物理空间的集合，更是人与人之间相互作用和人的生活方式的总和。随着人们环境保护意识的增强，低碳社区的概念逐步兴起。低碳社区着眼于减少温室气体排放，通过一系列措施，实现社区可持续发展的目标。低碳社区不仅减少了对环境的影响，而且同时提高了居民的生活质量。而智慧低碳社区则关注能源消耗的减量化，更注重生活质量的提升和社区管理的智能化。本节将以社区及低碳社区的定义为基础，探讨智慧低碳社区的概念，并展现其在现实生活中的应用与发展前景。

## 1.2.1　什么是社区

"社区"这个词源于拉丁语，原意是指共同的事物和亲密的伙伴关系。最初，这个词是德国社会学家滕尼斯在社会学研究中提出的。20 世纪 30 年代初，费孝通先生翻译滕尼斯 1887 年的著作 *Community and Society* 时，将英文单词 Community 翻译成了"社区"，随后这个译词被其他学者引用并逐渐传播开来。

在西方工业化的进程中，城市社会的高流动性与异质性使社区中传统的元素渐渐淡化，滕尼斯所描述的共同的信仰和共同的习俗在现代社区中并不常常具备。1955 年，美国社会学家乔治·希勒里认为，社区是指包含着那些具有一个或更多共同性要素以及在同一区域保持社会接触的人群。社区包含社会互动、地理区域和共同关系。从社会学的视角，社区是指一定数量居民组成的，具有内在互动关系和文化维系力的地域性的生活共同体；地域、人口、组织结构和文化是社区的构成要素。

近年来，我国的社会学家对"社区"进行了深入细致的研究，但对"社区"的理解和认识却各不相同。例如，范国睿认为："社区是指生活在特定地域内的个人或家庭，它们因追求政治、社会、文化、教育等目标而形成，而不同社区之间的文化和生活方式也因此而有所区别。"刘视湘[1]从社区心理学的角度对社区进行了定义："社区是某一地域内个体和群体的集合体，其成员在生活、心理和文化方面存在一定程度的相互关联和共同认知。"在他看来，社区是指在同一地域内具有共同文化的群体。在具体指称某一特定群体时，有时会侧重于其共同的文化特征或共同的地域属性。例如，"和平里社区""四方社区"注重共同的地域属性，而"华人社区""穆斯林社区""客家社区"则更注重共同的文化特征。

不论其指向的是哪一方面，社区这个词都着重强调了人群内部成员之间的文化维系力和内部归属感。20 世纪后期，我国意识到过去过度重视宏观经济发展，而忽略了社区需求的情况，因此分别将"社区建设"和"社区营造"提升至国家政策的层面。在地方组织方面，开始在小型地缘组织中引入"社区"这个词汇。举例来说，我国台湾地区实行了"社区理事会"制度，而祖国大陆则有意将原来的"居民委员会"改为"社区居民委员会"，不过这一举动还有许多法律问题需要解决。

现今我国的绝大部分社区是由城镇的居民委员会更名而来，少部分是由并入城镇的村委会更名而来。我国的社区是党和政府传递、落实政策以及了解民情的最基层机构。

从地域上划分，社区可以大致分为农村社区和城市社区。

### 1. 农村社区

农村社区是一个地域性共同体或区域性共同体，居民主要依靠农业生产活动维持生活。地理特征方面，土地是农村社区居民的主要生产资料，对他们的生活、生产和发展产生直接影响。此外，农村社区的发展也受地理条件的优劣、交通是否便利以及地理位置是否优越等重要因素的影响。人口特征方面，农村社区的人口数量和密度远低于城市社区，并且人口流动性低于城镇。此外，农村居民的人际交往的社会群体和组织在数量和结构上相对简单，人口同质性高而异质性低。

### 2. 城市社区

城市社区是指特定的城市区域内，由从事各种非农产业活动而又有各种社会分工的人口集聚地，换言之，即是以非农业或二、三产业为基础的、规模较大、结构较复杂的社区。相较于农村社区，城市社区处于特定的城市功能区位关系中，并且其地理特征取决于其位于城市地表、交通线的位置、范围和特点。从人口特征来看，城市社区拥有众多居民且密度较大，人口质量也相对较高，而且人口流动性也更加活跃。在城市社区中，社会组织则成为人们之间的主要互动媒介。

## 1.2.2 什么是低碳社区

进入 21 世纪，在全球气候变暖的背景下，世界各地特别是发达国家，纷纷将低碳环保理念与社区建设相结合。这些国家和地区通过引入低碳理念来改变居民的行为模式，并以低碳设施作为辅助，创造了一个可持续发展的环境。国外在低碳社区建设方面主要关注三个层面：绿色低碳单体住宅、绿色低碳室外环境以及绿色低碳生活方式。低碳社区建设涵盖硬件和软件两个方面。在社区绿色建筑、清洁能源和低碳绿色环境的基础上，低碳社区建设以绿色低碳为核心理念。社区居民的生产方式、生活方式和价值观也会发生较大变化，他们将承担较大的减少温室气体排放的社会责任，并通过采取低碳行动来改变自己的行为模式。

结合国内外低碳社区建设的实践经验和学者们对低碳社区不同层面的探索，低碳社区（Low-carbon Community）被认为是以低碳环保理念为基础，对城乡社区的住宅、社区环境、社区交通和生活方式进行改造，旨在降低温室气体排放、增加碳汇和减少能源消耗，见图 1-4。具体而言，低碳技术在社区建筑、能源系统、交通系统、社区资源回收利用系统以及社区绿化系统的建设中得到应用，以实现社区硬件的低碳化改造。此外，低碳社区还需要建立低碳管理制度，引导和规范社区居民的低碳行为；同时，开展各种形式的低碳活动，塑造绿色低碳的社区文化氛围。

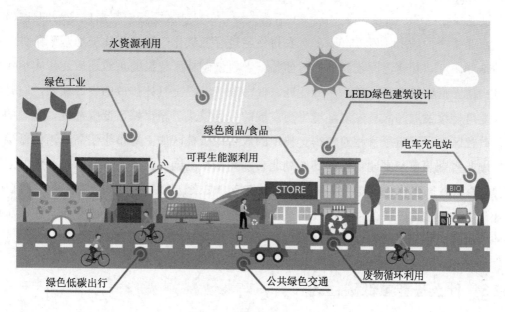

图 1-4 低碳社区示意图

城市社区和农村社区在地域特征、人口特征、文化特征等方面存在显著的不同。此外，这两种社区在碳排放特征上也存在一定的差异。因此，在低碳建设方面，城市社区和农村社区应该有不同的重点。

### 1. 城市低碳社区

低碳城市建设主要涵盖两个关键方面，即低碳生产和低碳生活。而城市社区被视为主要的空间载体和行动单元，是低碳生活的核心。在低碳城市建设中，低碳社区扮演着重要的角色，其建设不仅可以提升城市可持续发展的能力，而且可以通过社区低碳规划、清洁能源的应用、绿色交通系统的建立、社区绿色建筑设计、社区碳汇方案的制定、资源回收循环利用、低碳社区管理以及低碳文化的培育等多种途径来优化城市社区环境，减少温室气体的排放。近年来，我国在城市低碳社区建设方面进行了积极的探索。在建筑节能、绿色交通系统建设、清洁能源的应用、绿色碳汇工程建设以及低碳技术的推广与应用等方面，各低碳试点地区都开展了具有示范意义的社区建设项目。例如，北京的国奥村小区建立了以中水循环和太阳能路灯为特色的低碳社区系统；昆明的石林低碳社区修建了亚洲最大的太阳能发电站；武汉的百步亭社区通过充分利用长江水资源来推广地源热泵技术；杭州的社区自行车系统成为社区低碳交通的成功范例。

### 2. 农村低碳社区

农村低碳社区建设的重点与城市社区有所不同。农业生产是温室气体的第二大排放源，占人类活动造成的总排放量的50%。因此，要实现低碳农村的目标，降低农业碳排放、发展循环经济、倡导低碳生产和生活是关键。农村社区既是农村居民生活的聚集地，也是农业生产的场所，所以，除了对农村住宅进行低碳化改造、优化交通基础条件、推进清洁能源利用和资源回收利用等方面外，农村低碳社区建设的重点还应逐步实现农业的低碳化。低碳农业是一种基于低能耗、低污染、低温室气体排放的生产模式，它是实现农业可持续发展和农村生态环境平衡发展的绿色模式。相比城市低碳社区，我国的农村低碳社区建设试点项目相对较少。典型的农村低碳社区如上海市崇明岛陈家镇低碳社区、湖北省鄂州市长港嗣山社区等。湖北省鄂州市长港嗣山低碳示范社区以产业发展为支撑，通过发展现代、休闲、生态和观光农业等方式来打造绿色低碳的旅游社区。其中，产业与居住的结合、有条件的产业筛选和低碳技术的应用是值得借鉴的亮点。在我国的一些乡村社区中，采用产业化农村低碳社区建设模式具有一定的推广价值。

## 1.2.3 什么是智慧低碳社区

目前对智慧低碳社区还没有形成统一的定义。本书认为智慧低碳社区是通过 AI、清洁能源应用、物联网、5G 等智能技术在社区中的运行，旨在降低温室气体排放、增加碳汇和减少能源消耗。换句话说，就是实现社区运行的智能化与低碳化有机的统一结合。智慧低碳社区是一种综合性的理念，在城市化进程中，融合了可持续发展、智能技术和社区管理等最新概念，致力于解决环境、能源和社会治理等诸多问题。这是一种利用现代信息技术建设和管理社区的全新模式。其目标在于降低碳排放、提高能源效率、促进环境保护和改善居民生活品质，通过智能化手段实现资源的高效利用和优化社区服务。

　　智慧城市[2]涵盖智慧技术、智慧产业、智慧应用项目、智慧服务、智慧治理、智慧人文以及智慧生活等多个方面。具体而言，智慧应用项目体现在智慧交通、智慧社区、智慧物流、智慧医疗、智慧食品系统、智慧药品系统、智慧环保、智慧水资源管理、智慧气象、智慧企业、智慧银行、智慧政府、智慧家庭、智慧学校、智慧建筑、智能楼宇以及智慧农业等多个领域，见图 1-5。社区是城市的"细胞"，智慧社区不仅是智慧城市的重要构成部分，也是对智慧城市概念的延续、发展和实践。在中国城市化的进程中，智慧社区应运而生，并与城市化和信息化的实践相互融合发展。

图 1-5　智慧社区示意图

　　随着中国城市化趋势的加速，智慧社区出现在人们眼前，紧随着智慧城市概念的提出。自从 2008 年 IBM 公司倡导"智慧地球"理念，以实现"感知化""互联化"和"智能化"目标为使命，全球政府首脑、企业高管和专家学者纷纷从各自的角度展开了关于未来智慧城市建设的热烈讨论。美国、韩国、日本、新加坡等国纷纷启动智慧城市建设，推动相关高新技术产业的蓬勃发展，取得了显著成果。中国正积极推进智慧城市建设，采取"两化融合""五化并举"和"三网融合"等战略部署，积极利用物联网、云计算等最新技术，推动智慧城市建设。

# 1.3 智慧低碳社区的建设要点

智慧低碳社区的建设需要从多个维度进行考虑，包括设计理念、标准体系、技术应用、管理策略和居民参与等方面。智慧低碳社区的建设应用是一个系统工程，它通过集成先进技术和创新管理理念，旨在打造一个环境友好、资源高效、居民满意的居住环境。这种模式的成功实施，不仅能提升居民的生活质量，还能为城市的可持续发展做出贡献。智慧低碳社区需要政府、企业和居民的共同参与，通过政策引导、技术支持和社区文化建设，形成一个高效、节能、环保的生活环境。随着技术的进步和社会的发展，智慧低碳社区的应用模式将不断演进和完善。

## 1.3.1 设计理念

智慧低碳社区的设计理念基于对居民需求的深入理解和环境保护的核心价值而产生。社区规划时，考虑了不同年龄层的人群需求，形成资源需求整合体，以此为基础进行深度设计。此外，社区规划还强调了绿色、低碳、循环利用的理念，确保社区建设和运营过程中最大限度地节约能源和减少碳排放。

智慧低碳社区的设计理念是构建未来社区发展的蓝图，它不仅是一种建筑或者技术上的创新，更是一种对居民生活方式和社区可持续发展的深思熟虑。以下是智慧低碳社区设计理念的几个关键点。

### 1. 人本设计理念

智慧低碳社区的设计首先是以人为本，这意味着所有的规划和设计都应该围绕居民的实际需求展开。这包括对不同年龄层、不同生活阶段、不同身体条件人群的需求进行全面的考量和深入的理解。例如，为儿童设计安全的游乐设施，为年轻人提供高效的工作和社交环境，为中老年人构建便捷的医疗服务和舒适的休闲空间。

### 2. 环境友好理念

环境保护是智慧低碳社区设计的核心价值之一。社区规划和建设应尽量使用环保材料，采用绿色建筑的标准，通过合理的空间布局和建筑设计，提高能源利用效率，减少废物产生。此外，通过绿化覆盖、雨水收集系统、太阳能和风能等可再生能源的利用，以及智能化的垃圾分类和循环利用系统，实现社区的低碳运营。

### 3．资源整合理念

智慧低碳社区强调资源的整合和优化配置，其中包括物理资源和社会资源。物理资源的整合体现在能源、水资源、土地使用等方面的高效管理。社会资源的整合则体现在社区内部的教育、医疗、商业、文化等服务设施的共享。通过智能化的信息平台，居民可以方便地获取各种资源和服务，提高生活质量的同时，也减少了资源的浪费。

### 4．循环经济理念

在智慧低碳社区的设计中，循环经济理念是不可或缺的一部分。这意味着社区的建设和运营要尽量减少资源的输入，增加废物的再利用和回收。例如，通过建立智能废物分类和回收系统，鼓励居民参与废物的减量和分类，将有机废物转化为肥料使用在社区绿化中，非有机废物则进行资源化利用。

### 5．智能化与自适应理念

智慧低碳社区的设计应融入智能化技术，使社区能够自适应居民的行为和环境变化。通过安装智能传感器、执行器和控制系统，社区可以实时监测能源使用情况，自动调节照明、空调等设备的运行，以实现能源的最优化使用。同时，智能化系统还可以提供居民行为分析，为居民提供更加个性化的服务。

智慧低碳社区的设计理念是多维度的，它要求设计者在深入理解居民需求的基础上，融入环保、资源整合、循环利用等核心价值，通过智能化技术实现社区的高效运营。这样的设计不仅能够提升居民的生活质量，还能促进社区的可持续发展，为未来的城市建设提供参考和借鉴。随着技术的进步和社会的发展，智慧低碳社区的设计理念也将不断进化，更好地服务于人类社会和自然环境的和谐共存。

## 1.3.2　标准体系

智慧低碳社区的标准体系是一套旨在指导社区在规划、建设、管理和运营过程中实现智能化和低碳目标的规范和要求。这套体系包括一系列的标准、指南和最佳实践，涵盖社区的各个方面，从能源使用、建筑设计、交通管理，到废物处理和信息技术的应用等。

智慧低碳社区的标准主要包括以下方面。

❑ 能源效率标准：包括建筑节能、可再生能源应用、智能电网、能源监控和管理等，以减少能源消耗和碳排放。

❑ 建筑环境标准：涉及建筑材料、室内环境质量、水资源管理、绿色建筑等，以提高居住和工作环境的可持续性。

❑ 交通与出行标准：推广电动车辆、共享交通工具、智能交通系统等，以降低交通碳排放。

❑ 废物管理标准：实施垃圾分类、资源回收再利用、废物减量化等，减少废物产生和提高资源效率。

❑ 信息技术应用标准：包括物联网、大数据、云计算等技术在社区管理中的应用，提升社区服务的智能化水平。

❑ 社区服务与管理标准：涉及社区居民的参与、健康和教育服务、应急管理等，确保社区可持续发展和居民生活质量。

智慧低碳社区的标准体系能够为政府和开发商提供智慧低碳社区的规划、建设和运营的政策支持和战略方向。同时，其详细描述了实施智慧低碳社区所需的技术规范和性能标准，能够提供实施智慧低碳社区项目的具体步骤和操作流程。更重要的是，建立了评估智慧低碳社区绩效的标准和认证系统，从而量化社区的智慧化和低碳水平。

智慧低碳社区的标准体系的建设因素有以下几点。

❑ 确保目标一致性：标准体系确保所有智慧低碳社区的项目在实现可持续发展目标时具有共同的理解和执行标准。

❑ 提高效率与效果：通过遵循标准体系，社区建设可以高效地使用资源，减少浪费，提高能源和资源利用效率。

❑ 促进技术融合：标准体系推动了不同技术的整合，如可再生能源技术与智能建筑管理系统的结合。

❑ 增强居民体验：标准体系强调居民参与和服务质量，提升了居民的生活质量和满意度。

❑ 风险管理：通过标准化流程和技术规范，可以有效管理项目风险，防止偏差和失败。

❑ 推动政策实施：标准体系为政府提供了实施智慧低碳政策的具体工具和方法。

❑ 支持可持续发展：标准体系鼓励社区在环境保护、社会福祉和经济发展之间取得平衡，支持全面可持续发展。

智慧低碳社区的标准体系是实现社区可持续发展目标的重要工具，它不仅提供了一个清晰的框架来指导社区的设计和运营，而且也是推动环境保护和提高生活质量的关键因素。

### 1.3.3　技术应用

　　智慧低碳社区的技术应用模式是现代社区发展的核心驱动力,它通过高新技术的整合和应用,实现了社区运营管理的智能化和低碳化。智慧低碳社区的技术应用模式通过整合物联网、大数据、云计算和 AI 等现代信息技术,为社区的可持续发展提供了强有力的技术支撑。这些技术不仅优化了社区的运营管理,提高了居民的生活质量,还有助于减少能源消耗和碳排放,推进社区的低碳转型。随着技术的不断进步,智慧低碳社区将继续向着更加智能化、绿色化、人性化的方向发展。以下是智慧低碳社区在技术应用方面的几个关键实施策略,包括物联网(IoT)的集成应用、大数据分析的深度应用、云计算的高效利用和 AI 的广泛应用等。

#### 1. 物联网

　　物联网技术是智慧低碳社区的基础。通过在社区内安装各种智能传感器,如温度传感器、湿度传感器、光照传感器、$CO_2$ 传感器以及智能电表等,可以实时监控社区的能源使用情况、环境质量和交通流量。这些传感器收集的数据可以用于调节供暖、空调和照明系统,优化能源消耗,同时监测和管理社区的空气质量和交通状况,提高居民的生活舒适度和出行效率。

#### 2. 大数据

　　社区运营中产生的大量数据是一个宝贵的资源。通过大数据分析技术,可以对居民的消费行为、能源使用习惯、出行模式等进行深入分析,从而优化能源分配和社区服务。例如,通过分析居民用电模式,可以预测电力需求高峰,调整电网的负载,实现能源的高效使用。同时,大数据还可以帮助社区管理者了解居民的需求和偏好,提供更加精准和个性化的服务。

#### 3. 云计算

　　云计算为智慧低碳社区提供了强大的数据存储和处理能力。社区可以将收集的大量数据存储在云平台上,利用云计算的强大计算能力对其进行分析处理。这不仅提升了数据处理的效率和响应速度,还降低了信息技术(Information Technology,IT)基础设施的投资成本。此外,云平台还可以支持社区内各种应用服务的快速部署和灵活扩展,如智能家居控制、远程医疗咨询和在线教育等。

#### 4. AI技术

　　AI 技术在智慧低碳社区中的应用是多方面的。在安防领域,AI 可以通过视频监控分析异常行为，及时预警和响应安全事件。在健康照护方面，AI可以分析居民的健康数据，提供个性化的健康建议和预警潜在的健康风险。在能源管理方面，AI可以优化能源的使用，如通过学习和预测居民的用电模式，自动调节能源供应，减少浪费。

## 1.3.4　管理策略

智慧低碳社区的管理策略是社区可持续发展的关键，它通过高度整合物业管理和智慧服务，构建起物业生态圈和社区商务生态圈的融合。这种管理策略不仅提高了社区的运营效率和居民的生活质量，也实现了资源利用的最优化和环境影响的最小化。

### 1．智慧安防

智慧安防系统是社区管理策略中的重要组成部分。通过高清摄像头、传感器、人脸识别技术等智能监控设备，可以对社区的安全环境进行24小时实时监控。智慧社区可以通过数据分析识别异常行为，并及时发出预警，由物业管理中心迅速响应并处理，大大提高了社区的安全水平。此外，安防系统还能与消防、交警等公共安全系统联动，确保在紧急情况下能够快速有效地采取应对措施。

### 2．智能建筑

在智能建筑方面，社区的建筑设计采用节能材料和建筑布局优化，以降低能耗和减少碳排放。智能化系统如自动调节的温度控制、光线感应器、智能窗帘等，都是通过物联网技术实现对建筑内部环境的精细控制。这些系统能够根据室内外环境变化和居民的实际需求，自动调节能源使用，实现高效节能的同时，也为居民提供了舒适的居住环境。

### 3．能源管控

能源管控是智慧低碳社区管理策略的又一核心内容。通过实施智能电网和智能照明系统，社区可以实现对能源使用的精确监控和管理。智能电网能够优化能源分配和调度，减少电力损耗，提高能源使用效率。智能照明系统则通过感应居民活动和自然光线变化，自动调整照明强度，既节约了能源，又保障了照明需求。

### 4．智能物业

智能物业管理则是通过用户端App和管理端App，将物业服务数字化和智能化。居民可以通过手机App进行报修、缴费、预约公共设施等操作，大大提升了服务的便捷性和效率。物业管理端App则使得物业服务人员能够实时接收到服务请求，快速响应和处理各类问题。同时，智能物业管理系统还可以对社区设施进行远程监控和维护，预防故障发生，减少维修成本和时间。

## 1.3.5　居民参与

智慧低碳社区的构建不仅仅是技术和管理上的革新，更是一种社区治理模式的演进，其中，居民的主动参与是核心要素。在这种模式下，居民不再是被动的服务接受者，而是成为社区建设和管理的积极参与者。在智慧低碳社区中，居民的每一次参与都是对社区可持续发展的实际贡献。通过居民的广泛参与，智慧低碳社区能够更好地满足居民的需求，提高社区的生活质量，同时也能够有效推动社区的环保和节能工作。居民的参与不仅提升了他们的生活体验，也为社区的长远发展注入了活力。智慧低碳社区通过这种居民参与的模式，实现了社区管理的民主化、透明化和智能化，成为现代城市发展的重要趋势。

### 1. 决策参与

社区 App 作为一个互动平台，为居民提供了一个直接参与社区规划和服务改进决策的渠道。居民可以通过 App 参与到社区的各项规划中，如公共空间的设计、社区活动的策划、环保措施的实施等。这种参与不仅能够让居民感受到自己的声音被倾听和重视，还能够提高社区服务和环境建设的针对性和有效性。

### 2. 信息反馈

居民可以通过社区平台实时上报社区中存在的问题，如公共设施损坏、环境卫生问题、能源浪费现象等，也可以提出自己的建议和想法。这种反馈机制能够极大提高社区服务的透明度和效率，因为它确保了社区管理者能够及时了解并解决居民的实际需求和问题，从而提升居民的满意度和社区的整体运行质量。

### 3. 共享服务

共享服务是智慧低碳社区提倡的一种新型经济模式，在这种模式下，社区提供各种共享资源，如共享单车、共享汽车、共享充电桩、共享工具等。这些共享服务不仅方便了居民的日常生活，还有效减少了资源消耗和环境污染。居民通过使用这些共享服务，能够实际体验到低碳生活的便捷和舒适，从而增强其环保意识和节能减排的实际行动。

## 1.3.6 效果与评价

智慧低碳社区的核心目标在于提升居民生活质量的同时，实现能源的高效利用和碳排放的减少。为了确保这一目标的实现，对社区的运行效果进行定期评价和调整至关重要。这些评价不仅衡量了社区的智慧化水平，还包括居民的满意度、能源节约量、碳排放量等关键指标。

社区的智慧化水平的评价是衡量智慧低碳社区成功与否的基础。这包括社区信息化基础设施的建设情况、智能设备的普及率、智能管理系统的整合程度和智能服务的覆盖范围。通过对这些方面的评估，管理者可以了解智慧低碳社区在技术和服务层面的成熟度，以及智慧化应用对居民生活的实际影响。

居民满意度是评价智慧低碳社区人文关怀层面的重要指标。通过问卷调查、面对面访谈、社区会议等方式，收集居民对社区环境、服务质量、居住体验等方面的反馈。居民满意度的高低直接关系到社区管理策略的调整方向和服务改进的重点，它能够帮助管理者更好地理解居民需求，从而提供更加个性化和人性化的服务。

能源节约量的评价是智慧低碳社区环保效益的直观体现。通过收集和分析社区的能源消耗数据，包括电力、水、燃气等，评估社区在实施智慧低碳措施后的节能效果。这一指标不仅反映了社区在环境保护方面的贡献，也是检验智慧低碳技术应用成效的重要依据。

碳排放量的评估是智慧低碳社区应对全球气候变化的关键指标。通过对社区碳排放的定期监测和计算，管理者可以量化社区减排效果，这对实现政府制定的碳减排目标具有重要意义。此外，碳排放量的评估还能帮助社区申请碳交易市场的碳信用，为社区带来经济上的潜在收益。

根据这些评价结果，社区管理者可以对现有的管理策略和技术应用进行调整。如果智慧化水平评价结果显示社区的智能设备普及率不高，管理者可能需要考虑增加投资，更新设备或者提高居民对智能设备使用的培训和引导。如果居民满意度调查显示对某项服务的满意度较低，社区管理者则需要针对性地改进服务流程或提升服务质量。

对能源节约量和碳排放量的评估结果，如果未达到预期目标，社区管理者可能需要进一步优化能源管理系统，加强节能宣传教育，引导居民养成节能习惯，或者引入更高效的低碳技术。通过这些调整，智慧低碳社区可以持续提升服务质量，优化资源配置，实现更加绿色、高效、智能的社区运营模式。

智慧低碳社区的效果与评价是一个多维度、动态的过程，它不仅涉及技术和服务的评估，还包括环境效益和居民满意度的考量。通过这些评价指标的定期监测和分析，社区管理者能够及时调整策略，确保社区的持续改进和发展，最终实现智慧低碳社区的长期目标和愿景。

# 1.4　智慧低碳社区的价值分析

智慧低碳社区的价值主要体现在环境、经济、社会、技术和政策等多个方面。智慧低碳社区作为一种新型城市发展模式，不仅响应了全球气候变化的挑战，还提升了居民的生活质量，推动了环境保护和技术创新，创新了社区治理模式，并且具有显著的经济效益。随着技术的不断进步和社会意识的提升，智慧低碳社区将在全球范围内得到更广泛的推广和应用，成为城市发展的重要趋势。

## 1.4.1　环境价值

智慧低碳社区的环境价值体现在其对生态环境的积极影响和对可持续发展的促进作用。智慧低碳社区在设计和运营过程中强调环境保护和资源节约。通过碳足迹监测和绿色生活方式的倡导，社区不仅减少了碳排放，还增强了居民的环保意识，促进了居民在日常生活中实践环境保护行为，对环境保护产生了积极影响。

### 1．减少温室气体排放

智慧低碳社区通过整合先进的智能能源管理系统，实现能源的高效利用。这些系统能够对社区的能源消耗进行实时监控和管理，从而优化能源分配和使用。例如，通过安装太阳能板和风力发电设施，社区能够利用可再生能源，减少对化石燃料的依赖。同时，社区内的建筑采用节能设计，如高效的隔热材料、智能温控系统等，以最小化能源消耗。通过这些措施，智慧低碳社区有效减少了温室气体的排放，以对抗全球气候变化。

### 2．促进资源的循环利用

智慧低碳社区在废弃物管理方面采取了创新的方法。通过智能分类垃圾箱和回收系统，社区能够确保废弃物得到有效分类，提高回收效率。这不仅减少了垃圾的填埋量，还促进了资源的循环利用。例如，有机废弃物可以通过生物降解转化为肥料，而可回收物质如塑料、金属和纸张则可以重新进入生产链。这种循环利用模式减少了对新资源的需求，同时减少了垃圾处理对环境的影响。

### 3．改善空气质量

智慧低碳社区通过提高能源效率和使用可再生能源减少碳排放，以对抗气候变化。

### 4．碳足迹监测和绿色生活方式的倡导

智慧低碳社区通过安装智能碳足迹监测系统，跟踪和分析居民的能源消耗和碳排放。这种透明度鼓励居民采取更环保的生活方式，比如使用节能电器、减少水的浪费和选择环保材料。社区还可以定期举办环保教育活动，提升居民的环保意识，使他们在日常生活中采取更多的环境保护措施。

## 1.4.2　经济价值

智慧低碳社区在建设和运营过程中，以通过提高能源效率和降低运营成本的方式，提升了社区的经济效益。同时，智慧低碳社区的模式也吸引了技术投资和绿色金融，为社区的经济发展注入了新动力。

智慧低碳社区的经济价值不仅体现在直接的成本节约上，还体现在通过新技术和新产业的发展带动的经济增长上。这种社区模式通过提高能源效率和促进资源循环利用，为实现绿色、低碳的经济发展提供了有效途径。同时，它推动了经济结构的优化，为传统产业的转型升级提供了范例。智慧低碳社区的建设和推广，无疑将对城市乃至全球的经济可持续发展产生深远的影响。

### 1．降低能源成本

智慧低碳社区通过智能化管理和高效能源设备，降低了居民和企业的能源消费成本。例如，智能照明系统、智能温控系统和高效家电的使用，减少了电力的浪费，从而减轻了居民的经济负担。企业方面，通过精准的能源监控和管理，能够有效降低生产成本，增强企业的市场竞争力。

### 2．创造新的经济增长点

智慧低碳社区的模式将会吸引更多的技术投资和绿色金融的关注。随着全球对可持续发展的重视，绿色技术成为投资的热点。智慧低碳社区提供了一个实验场，促进了相关技术的研发和商业化应用，比如智能家居系统、智能电网、新能源汽车及其充电设施等。这些技术的发展和应用，进一步推动了新产业的发展，创造了新的就业机会，提升了整个社区甚至城市的经济活力。

在智慧低碳社区中，废弃物管理系统的智能化不仅提高了资源回收的效率，还促进了废旧物资的二次利用和回收产业的发展。这些产业为社区提供了新的经济增长点，同时也减少了环境污染和资源浪费。

### 3. 增强经济的可持续性

智慧低碳社区的建设和运营，通过高效的资源利用和循环利用体系，减少了对化石能源的依赖，有助于构建一个更为可持续和抗风险的经济体系。随着化石能源价格的波动和环境政策的收紧，依赖于传统能源的社区和企业面临着越来越大的经济压力。智慧低碳社区通过使用可再生能源和提升能源转换效率，减少了这种依赖，使得社区经济更加稳健，能够抵御外部经济和政策的波动。

## 1.4.3　社会价值

智慧低碳社区的智慧服务系统如智能家居、社区信息平台等提供了便捷的居民生活服务，提高了居民的生活便利性和安全感。同时，通过智能化管理，社区可以为居民创造一个更加健康、舒适的居住环境，提升居民的生活满意度和幸福感。同时，智慧低碳社区通过居民参与和智慧化服务，实现了社区治理模式的创新。居民通过社区平台参与社区决策，提高了社区治理的透明度和公众参与度。智慧化服务提升了社区管理效率和服务水平，促进了共建共治共享的社会治理结构。

### 1. 提高居民生活质量

通过智能化服务系统的部署，社区居民享受到了更加便捷和安全的生活服务，这些服务不仅提高了生活的便利性，还大大提升了居民的健康和舒适度。例如，智能家居系统能够实时监测室内空气质量并自动调节，确保居民呼吸到的空气是清新的；智能安防系统提高了居民的安全保障，降低了犯罪率，从而增强了居民的安全感和幸福感。智慧低碳社区通过提供健康、舒适、便利的居住环境，显著提高了居民的生活质量。这不仅反映在日常生活的方便上，还体现在居民心理健康的提升上。居民在一个优质的生活环境中，心情会更加愉悦，社区内的互助和友好氛围也能够减少居民的心理压力，提升其整体的生活满意度。

### 2. 增强社区凝聚力

智慧低碳社区的发展还推动了社区治理模式的创新。居民可以通过社区信息平台参与到社区的决策过程中，提出自己的意见和建议，这种参与机制使得社区治理更加透明和民主，提高了公众参与度。智慧化服务通过数据分析，可以更加精确地响应居民需求，提升社区管理效率和服务水平。这种共建共治共享的社会治理结构，增强了居民对社区的归属感，促进了社区内部的和谐与稳定。智慧低碳社区鼓励居民参与低碳生活方式的实践，如共同参与社区绿化、节能减排活动等。这些活动不仅有助于环境的改善，还能加强居民之间的交流与合作，促进社区成员之间的相互理解和支持。共同的目标和活动让居民之间的关系更加紧密，增强了社区的内聚力。

### 3．提升公众环保意识

社区的建设和运营过程不仅是对居民进行环保教育的良好实践，而且还是向外界展示低碳生活可能性的窗口。居民在参与社区绿色建设和维护的过程中，自然而然地学习到了节能减排的知识，提高了环保意识。这种意识的提高不仅影响了居民的日常行为，还可能进一步影响他们的工作和社交圈，形成良好的环保文化氛围。

## 1.4.4 技术价值

智慧低碳社区作为技术创新和应用的前沿阵地，其技术价值主要体现在推动信息技术、新能源技术等多个领域的技术创新与应用上。在这些社区中，物联网、大数据、云计算和 AI 等技术不仅极大地提升了社区管理的智能化水平，也为这些技术的发展提供了实践场景，创造了市场需求，进而促进了技术进步和产业升级。

在此基础上，智慧低碳社区的发展带动了相关技术标准和规范的制定，促进了产业升级。随着智慧社区的不断推广，对相关技术标准和规范的需求也日益增长，这有助于行业的健康发展。传统产业，如建筑业、能源业、交通业等，都在向更加智能化、信息化的方向转型，这不仅提高了产业的技术水平，也提升了产业的附加值。

### 1．推动技术创新

智慧低碳社区的需求催生了一系列相关技术的研发和创新。例如，智能控制系统的研发可以实时监控和调节社区的能源使用，优化能源分配，从而实现节能减排的目标。新能源技术，如太阳能和风能的利用，也在智慧低碳社区得到了广泛应用。物联网技术在社区中的应用，使得各种设备和服务能够实现联网，为居民提供更加智能化的生活体验，同时也为城市管理者提供了大量实时数据，用于改善城市服务和规划。

### 2．促进技术整合和应用

智慧低碳社区促进了技术的整合和应用。在构建这种社区时，需要将建筑、能源、交通、信息等多个领域的技术进行有效整合。例如，建筑自动化系统、智能电网、智能交通系统等技术的融合，不仅提高了能源使用效率，还改善了居民的出行体验，并降低了环境污染。跨行业技术的融合和应用，不仅推动了新技术的发展，还促进了旧技术的升级和改造。

## 1.4.5　政策价值

智慧低碳社区在政策价值上的贡献主要体现在两个方面：一是帮助实现政府在能源节约、减排降碳、可持续发展等方面的政策目标；二是为政策的实施提供了试点，为其他区域提供了可复制、可推广的经验和模式。

### 1．实现政策目标

智慧低碳社区的建设直接对接政府关于环境保护和可持续发展的政策。在全球气候变化和环境恶化的大背景下，各国政府都在积极制定政策以减少温室气体排放，推动能源的节约和高效利用。智慧低碳社区通过采用先进的能源管理系统、智能建筑技术、可再生能源利用等手段，有效降低了社区的能源消耗和碳排放，这些做法正是响应了政府相关政策的直接体现。例如，社区内广泛使用的太阳能光伏板、智能照明系统、节能家电等，都是减少能源消耗、降低碳足迹的具体措施。

### 2．提供政策实践样本

智慧低碳社区作为政策实施的试点，提供了宝贵的实践样本。政府在推广新政策时往往面临理论与实践之间的差距，而智慧低碳社区的建设和运营为政策的实际效果提供了直观的检验。这些社区的成功经验可以帮助政府评估和完善政策措施，为其他地区提供可学习、可借鉴的模式。同时，智慧低碳社区的建设也促进了相关政策法规的完善，因为在社区建设和管理的过程中，可能会遇到现有法规不完善或缺失的情况，这迫使政府对相关政策法规进行修订和补充。

## 1.5　小　　结

本章深入探讨了智慧低碳社区的概念，并从四个方面对其进行了全面地分析和总结。

首先，从碳达峰、碳中和政策体系方面介绍了智慧低碳社区发展的政策基础。这一政策框架旨在推动社区在规定的时间内达到碳排放的峰值，并逐步实现碳排放总量的净零排放。政策体系强调了国家层面对低碳发展的承诺，以及地方政府在执行碳减排目标中的作用，为智慧低碳社区的建设提供了政策支持和指导。

接下来，从社会背景层面阐述了推动智慧低碳社区发展的环境和社会因素，介绍了什么是社区、什么是低碳社区、什么是智慧低碳社区。同时还包括气候变化的威胁、能源消费的增长、城市化进程中的环境压力以及公众对绿色生活质量的增加需求。这一背景为智慧低碳社区提供了发展的必要性和紧迫性。

在智慧低碳社区的应用模式部分，详细介绍了智慧低碳社区的实施路径和方法。其中包括智能能源管理系统、智能交通系统、绿色建筑设计、废物循环利用等多个方面。通过这些应用模式，智慧低碳社区可以有效地减少碳排放，提高能源使用效率，实现资源的可持续利用。

最后，对智慧低碳社区的多维价值进行了深入的探讨。其中包括对环境的积极影响，如减少温室气体排放、保护生物多样性，也包括对经济和社会的益处，例如降低能源成本、提高居民生活质量、促进社会公平和创造新的就业机会。还有对技术发展和政策制定方面的积极作用。

综上所述，智慧低碳社区作为一种新型的住区模式，不仅响应了全球气候变化的挑战，也是推动社会经济可持续发展的重要途径。通过政策推动、技术应用和价值创造，智慧低碳社区展现出了强大的发展潜力和广泛的应用前景。

# 习　　题

1. 中国碳达峰、碳中和"1+N"政策体系是什么？
2. 请说明社区在应对气候变化的工作中所扮演的角色。
3. 为什么气候变化对社区建设构成了挑战？
4. 智慧低碳社区是怎样形成的？
5. 什么是社区？
6. 什么是低碳社区？
7. 什么是智慧低碳社区？
8. 请列举智慧低碳社区的建设要点。
9. 智慧低碳社区的应用模式有哪些？
10. 智慧低碳社区的价值体现在哪些方面？

# 参 考 文 献

[1] 刘视湘. 社区心理学[M]. 北京：开明出版社，2013：60.

[2] 王喜富，陈肖然. 智慧社区：物联网时代的未来家园[M]. 北京：电子工业出版社，2015：1-2.

# 第2章　国内外智慧低碳社区的发展历程

随着全球气候逐渐变暖,各国政府已经形成共识,迫切需要采取措施来降低碳排放,实现碳中和。为应对这一挑战,各国根据自身社会经济发展阶段的特征,提出了实现碳达峰和碳中和的时间节点,并着手研究和制定"低碳社区"规划理念和实践。本章通过追踪国内外智慧低碳社区的发展历程,分析欧洲具有代表性的低碳社区的发展特色,结合诸多值得借鉴的经验启示,提出了我国智慧低碳社区未来的发展趋势,并且对我国智慧低碳社区建设的支撑体系进行介绍。

## 2.1　国外智慧低碳社区的发展历程

"低碳社区"是在"低碳经济"的基础上发展而来。2003 年,英国政府发布能源白皮书——《我们未来的能源:创建低碳经济》(Our Energy Future: Creating a Low Carbon Economy),第一次提出一种新的经济发展模式——"低碳经济"——的概念。"低碳经济"是指通过减少能源的消耗获得更大的经济效益。2007 年,日本政府颁布《日本低碳社会模式及其可行性研究》,该报告提出"交通、住宅、消费行为等为低碳转型的重点领域",将"低碳经济"进一步发展为"低碳社会"。2008 年,英国城乡规划协会(Town and Country Planning Association)发布的《社区能源:城市规划对未来低碳应对的引导》(Community Planning: Urban Planning for a Future Fow Carbon)强调,在规划地方能源时,应根据社区规模采用不同技术实现节能减排。2010 年,国际气候变化小组(The Climate Group)提出"低碳社区",旨在帮助城市和社区制定并实施低碳技术和策略,减少温室气体排放,促进低碳经济繁荣。在不到 10 年的时间里,由"低碳经济"发展出"低碳生活""低碳社会""低碳社区",说明建设低碳社区是最基本的碳减排手段,同时也响应了低碳经济的发展目标[1]。

## 2.1.1　英国低碳社区的发展历程

英国是最先进行低碳转型的国家。20世纪90年代初，全球环境问题的严峻性逐渐显现，各国政府重新审视其可持续发展和环保政策。英国政府也开始在这一时期思考如何更好地应对环境挑战。然而，英国当时的政策和关注点主要集中在国家层面，对社区层面的环保和低碳概念尚未形成主流共识。直到2000年初，随着环境问题的进一步显露和社会对可持续性发展的迫切需求，英国政府逐渐认识到不能仅依赖国家层面的政策。2008年，英国政府正式通过《气候变化法案》（Climate Change Act，CCA），使其成为世界上第一个针对减少温室气体、适应气候变化而拥有法律约束力的长期架构的国家。2009年，英国政府发布名为《英国低碳转型计划》的战略文件，明确将"家庭和社区的低碳转变"列入英国社会转型的五大重点任务之一，并明确到2020年家庭和社区的碳减排贡献率达到13%的具体目标。此外，英国还制定了一系列配套计划，以达到碳减排目的。新的环境政策和法规开始强调社区层面的可持续性，使得社区参与和低碳概念逐渐成为关注的焦点。英国政府开始意识到，要实现真正的可持续发展，需要在社区层面鼓励和支持可持续的实践和创新。这一时期的政策调整为低碳社区的雏形奠定了基础，为社区层面的环保倡议和可持续发展提供了更为有力的支持。政府通过制定相关法规，提供财政支持，以及设立激励机制，鼓励社区更加积极地参与可持续发展的实践。这一转变不仅在政策层面为低碳社区的崛起创造了有利条件，而且也促进了社会层面对低碳理念的广泛认同。

2010年初，英国政府采取了一系列措施来促进可持续发展和低碳技术的推广，并且鼓励企业和社区采用可再生能源和高效能源技术。这为低碳技术的研发和应用提供了重要支持，推动了可再生能源在能源供应中的比重不断增加。与此同时，社区层面的组织和倡议也开始崭露头角。越来越多的社区意识到其在应对气候变化和降低碳排放方面的重要性。于是，许多社区自发组织起来，发出了以可持续性为核心的倡议。这些社区通过开展座谈会和宣传活动等形式，探讨如何减少碳排放、提高能源效率，以及实施可再生能源项目。特别值得注意的是，社区能源合作社和环保团体等非政府组织在这一时期兴起。这些组织在推动低碳社区的发展中发挥了重要作用。社区能源合作社通过集体投资和管理可再生能源项目，使社区成员能够共享清洁能源的好处。同时，环保团体通过倡导环保意识、提供技术支持和促进社区合作，加速了低碳社区的建设进程。

自2015年以后，英国政府在支持低碳社区的发展上加大了力度。首先，政府通过提供资金支持，为低碳社区项目提供了财政基础。这包括直接的拨款、贷款或补贴，用于支持社区推动可再生能源项目，提高能源效率，以及实施其他低碳技术的投资。这种经济支持为社区提供了实施可持续发展计划的关键资金，增强了社区在能源转型方面的实际能力。其次，政府采取减免税收的措施，旨在降低低碳社区在实施项目中的财务负担。通过减轻税收负担，政府为社区提供了更多的经济激励措施，鼓励社区更积极地采用低碳技术和可再生能源。此外，政府还设立了奖励机制，以鼓励社区在低碳发展方面取得积极成果。这些奖励可能涉及项目成就、碳排放减少、能源效率提高等方面的绩效。奖励机制不仅是一种认可，也可以作为社区吸引更多投资和参与的手段，促使更多社区投身于低碳社区的建设。

## 2.1.2　瑞典低碳社区的发展历程

石油曾经是瑞典的主要能源，但瑞典并不盛产石油，而是依靠大量进口。大量使用石油导致的环境问题日益突出，尤其在 20 世纪 70 年代出现的两次石油危机让瑞典政府认识到，不能把石油作为国家的主要能源。在石油危机的背景下，瑞典政府迅速行动，推动能源多元化。瑞典重点发展水力、风能等可再生能源，减少对化石燃料的依赖。政府还实施了严格的环保法规和税收激励措施，鼓励企业和个人采用更加环保的能源和技术。随着时间的推移，瑞典政府开始在城市规划和建筑设计中融入低碳理念。在城市规划方面，政府通过引入绿色设计原则，鼓励在城市发展中考虑环境可持续性。新的城市规划注重提高城市密度，减少能源浪费，并创造更为宜人的居住环境。此外，政府和私营部门合作，推动节能建筑和智能交通系统的发展。在建筑设计领域，瑞典政府通过激励措施和技术支持，促进了节能建筑的发展。

1990 年，瑞典政府提高了对低碳社区建设的重视程度。政府不仅提供了资金和技术支持，还鼓励地方政府和社区组织积极参与低碳社区的规划和基础建设。这一努力旨在促使社区在资源利用、垃圾管理和消费模式上实现可持续转变，以创造一个同时满足当地需求且减少碳排放的生活环境。瑞典的低碳社区建设在大城市，如斯德哥尔摩、马尔默和哥德堡等地取得了显著的进展。在这一时期，瑞典政府在低碳社区建设中的角色至关重要。政府提供资金用于基础设施和技术创新，使社区能够采用可持续的能源和建筑技术。政府还通过制定相应的法规和政策，鼓励社区在规划和建设中考虑环境影响，推动可持续发展的理念贯穿社区的各个层面。低碳社区的规划强调资源循环利用、垃圾分类和可持续消费。社区通过建立回收系统和可再生能源设施，实现资源的有效管理和再利用。垃圾分类成为社区居民的生活习惯，促使废物的再循环利用，减少对垃圾填埋场的依赖。可持续消费也是社区居民的共同理念，通过倡导购买环保产品和采用节能技术，社区逐渐减少碳足迹。除此之外，交通系统的改善也是低碳社区建设的一个重要方面。在大城市中，政府着力改善公共交通系统，提高其便利性和效率。优化的公共交通网络不仅减少了居民对私人汽车的需求，还促使更多人选择环保的出行方式，如步行、自行车和乘坐公共交通工具。同时，政府和社区共同努力改善道路和步行区的设计，使城市更加友好，减少了交通拥堵和尾气排放。电动交通工具的推广也在社区中取得了成功，为居民提供了更为环保和便捷的交通选择。除了基础设施的建设，社区参与也是低碳社区成功的关键，政府鼓励社区组织和居民参与社区规划和决策过程，并积极采取居民的建议。这种社区参与不仅增强了社区凝聚力，还促使居民更加积极地采纳可持续的生活方式。

21 世纪初期，瑞典低碳社区的发展已经取得了令人瞩目的成果。瑞典低碳社区的成功经验成为国际合作和交流的焦点。各国纷纷派代表前来参观学习，希望借鉴并应用这些成功的实践经验，用以推动本国的可持续发展。这种国际间的经验分享促进了全球可持续发展目标的实现，形成了一个共同努力的国际社群，共同应对气候变化和环境挑战。

瑞典的哈默比湖城在 1996 年确定了城镇整体规划，政府以"以人为本"为原则，注重设计生态宜居，致力于将其打造为便利舒适的城市，并强调公众的参与度。该城市在低碳城镇规划方面秉持了系统性和前瞻性的理念，认为实现城镇低碳发展转型需要系统推进措施，不能仅仅依赖于单一因素的推动。从 1998 年开始，瑞典政府通过国家层面的资金补贴等方式，着手资助资源可持续发展项目，涉及可再生能源开发与利用、资源能效提升、生物多样性增加、水管理加强以及交通系统完善等方面。这些资金支持为低碳城镇建设提供了坚实的基础，推动了城市可持续发展的各个方面。在能源利用效率方面，哈默比湖城不仅在供应端采取措施提高能源利用效率，还在需求侧展开工作。这种全面而综合的策略帮助城市在可持续能源方面取得了显著进展。在垃圾管理方面，哈默比湖城采用了创新的垃圾抽吸回收系统。这一系统通过真空抽吸的方式将分类投掷的垃圾输送到中央收集站进行分类、回收、再利用，不仅提高了垃圾利用率，减少了对环境的污染，而且将可燃性垃圾作为燃料发电，进一步节约了能源。这一系统的成功应用在瑞典其他新城建设中得到推广，为全国范围内的可持续垃圾处理提供了示范。

哈默比湖城的整体建设已经基本完成，并成功实现了预定的目标。该城市因其优秀的生态环境和可持续发展实践被誉为"世界上最好的生态新城"。其成功经验成为全球其他城市可持续发展的典范，吸引了国际关注。瑞典的实践为未来城市规划和建设提供了有益的经验，特别是在面对日益加剧的环境挑战和气候变化的背景下，为构建更加宜居、绿色的城市提供了可行的路径。

## 2.1.3 丹麦低碳社区的发展历程

20 世纪初，丹麦社会各阶层对环境问题的认识逐渐增强，推动了低碳社区的初步发展。20 世纪 70 年代，全球能源危机引发了人们对传统能源依赖的严重担忧，这也促使丹麦政府开始积极思考并制定政策，以促进可再生能源的利用。这个时期对丹麦的能源政策产生了深远影响。1976 年，丹麦政府颁布了全球首个风能法案，这标志着丹麦政府对风能产业的推动和支持。这一举措在国际舞台上彰显了丹麦政府对可再生能源的承诺，并为风能发展提供了法律框架和激励措施。风能法案的颁布为风能产业的崛起创造了条件。丹麦的地理条件适合风能发电，政府通过这项法案鼓励了私人投资和研发风力发电技术，为风能成为丹麦重要能源来源打下了基础。随着时间推移，丹麦不断提高对可再生能源的依赖，风能也成为其能源组合中的关键组成部分。与此同时，这一时期也标志着丹麦开始探索低碳社区的概念。社区自给自足和可持续性生活成为当时的关注焦点。人们开始意识到仅仅依靠传统能源并不可持续，因此开始寻找更具环保和可再生性的能源解决方案。这种意识的转变激发了人们对社区级别可持续发展的探索，人们开始思考如何在社区内创造更环保和自给自足的生活方式。

　　20 世纪八九十年代，丹麦在可再生能源领域取得了重大进步。政府通过激励政策和资金支持，进一步推动了风能技术的发展和应用。风力涡轮机成为丹麦乡村和海岸线的常见景象，为国家提供了可靠的清洁能源。丹麦政府对风能的大力支持不仅使丹麦成为全球风能技术的领先者，而且也为其他国家提供了成功经验。与此同时，生物质能源也受到了广泛关注。丹麦政府通过鼓励可再生能源的研发和利用，推动了生物质能源的发展。生物质能源包括利用有机废弃物、木材和其他生物质资源产生能源。这种可再生能源形式不仅有助于减少对有限自然资源的依赖，还有效地减少了碳排放。为了推动社区在可再生能源方面的投资和应用，丹麦政府采取了一系列激励政策。其中包括提供补贴、税收减免和其他财政激励，以鼓励社区投资风能和生物质能源项目。此外，丹麦政府还通过建立研究基金和技术创新支持，推动了可再生能源技术的不断进步。这个时期，风能和生物质能源成为推动丹麦低碳社区发展的两大主要动力源，为实现能源独立和减少碳排放奠定了坚实基础。

　　2000 年至今，在积极应对气候变化和先进的可再生能源技术的快速发展背景下，丹麦的低碳社区崭露头角。低碳社区注重社区参与和协作，形成了一种独特的合作模式。社区居民积极参与能源项目的决策过程，通过共同制定和执行可持续发展计划，实现了社区可持续性的提高。社区参与不仅在项目层面上，更涉及能源议题。社区居民有机会参与讨论和制定能源项目的决策，从而确保项目更符合当地的需求和实际情况。这种民主的决策模式使得社区能更好地适应变化，增强了可持续发展计划的执行力度。这种基于社区的合作模式还带来了信息共享和经验传递的机会。社区之间可以分享在可再生能源和可持续发展方面的最佳实践，从而加速整个国家的绿色转型。这种协作精神为推动可再生能源项目的成功和可持续性提升起到了关键作用。除了能源领域，丹麦在绿色建筑和城市规划方面也取得了显著进展。低碳社区不仅关注能源的生产和使用，还将注意力放在融入可持续原则的建筑设计和城市规划中。绿色建筑的推广通过采用环保材料、节能设计和再生能源的利用，显著降低了建筑的环境影响，促使社区向更可持续的方向发展。城市绿化项目的实施也是低碳社区整体发展的关键因素。通过增加绿色空间、改善交通系统和提高垃圾处理效率等措施，城市可以更好地适应气候变化，居民的生活质量可以得到提高。这些努力不仅仅是为了降低碳排放，更是为了创造一个更宜居、更健康的社区。

在欧洲，除英国、瑞典和丹麦外，其他很多国家也积极推进低能耗生态社区的建设，将其视为促进能源节约和发展低碳经济的重要策略。这些国家通过实施多样化的低碳社区建设项目，致力于减少碳排放、提高能源效益，并在社区层面推动可持续发展。这一趋势反映了欧洲各国对应对气候变化和能源挑战的共同承诺。通过低碳社区建设，各国致力于实现更可持续、环保的社区生活方式，为未来创造更健康、宜居的环境。这种跨国合作和经验共享有望在全球范围内推动城市可持续发展。

## 2.2　国外智慧低碳社区的发展特色与经验

贝丁顿社区、哈默比湖城、太阳风社区是世界低碳社区的典范，具有十分突出的特色，在社区规划、建设和管理方面均具有丰富且值得借鉴的先进经验。通过借鉴这些经验，我国可以更好地推动智慧低碳社区建设。

### 2.2.1　英国贝丁顿社区的发展特色

贝丁顿社区（the Beddington Zero（fossil）Energy Development，简称 BedZED）的成功建设标志着在保障居民良好生活质量的同时，通过生态建设和绿色生活方式实现零碳的目标是可行的。这为其他地区提供了一个可借鉴的典范，激励人们采取更环保、可持续的生活方式，践行"一个地球生活"（One PlanetLiving）的理念。项目的成功运行还带动了国内外其他低碳社区的行动。该社区有以下发展特色[2]。

#### 1. 充分利用可再生能源

在贝丁顿低碳社区，充分利用太阳能和风能等可再生能源是社区迈向零化石能源消耗的核心战略之一。太阳能和风能是丰富的自然资源，通过科技创新和系统规划，社区成功整合这些可再生能源，实现了高效能源的获取和利用。

#### 2. 就地选材实现建筑材料的循环利用

为了减少对有限资源的依赖，贝丁顿低碳社区采取了就地选材的策略，通过充分利用本地可再生或可回收材料，最大程度地实现建筑材料的循环利用。这一举措旨在通过建筑材料的筛选、优化结构设计以及居民日常行为的改变，全面实现社区的零碳排放目标。

### 3. 土地功能的合理运用

在减少建筑产生的二氧化碳排放方面，贝丁顿低碳社区采取了创新性的设计策略，旨在最大程度地降低建筑能耗、优化能源利用，实现环保和可持续发展。

### 4. 自上而下的全方位发展理念

英国政府在应对气候变化和推动可持续发展方面采用了自上而下、全方位的发展理念，通过《气候变化法案》和《英国低碳转型计划》等法规文件，制定了低碳社区能源发展规划的基本框架。

首先，从国家层面，政府明确了国家级的气候变化法规和低碳转换计划。这些法规为全国范围内的低碳社区发展提供了法律基础和政策支持。通过设立明确的法规框架，政府强调了在国家层面上实现低碳目标的重要性，并为其他层面的规划提供了指导方向。

其次，政府在城市层面推动低碳社区的发展。通过城市规划和发展战略，政府鼓励城市采用可持续的能源方案、绿色建筑和交通管理措施。这有助于减少城市碳排放、提高能源效率，并创建宜居、环保的社区。

最后，地区层面的规划着眼于更具体的社区需求和资源情况。地方政府可以根据当地的气候条件、自然资源和居民需求，制定适用于具体地区的低碳社区规划方案。这种差异化的规划考虑了地方特色，更有针对性地推动了低碳社区的建设。

## 2.2.2　瑞典哈默比湖城的发展特色

哈默比湖城（Hammarby Sjöstad）（图 2-1）位于瑞典斯德哥尔摩市南部。哈默比湖城的创建是城市可持续发展的一项积极举措。该社区充分利用城市废弃地进行了生态恢复与重建，着重提高资源利用效率，特别是可再生资源的开发与利用。该社区具有以下特色。

### 1. 废弃地的生态恢复与重建

哈默比湖城曾是一处非法的小型工业区和港口。在这片土地上，临时建筑拔地而起，垃圾遍布，污水横流，土壤更是饱受严重的废物污染。然而，随着哈默比湖城的建设，这片被遗弃和污染的土地正焕发出新生。

低碳社区的核心理念之一就是通过充分利用城市废弃地进行生态恢复与重建，为城市带来绿色活力。在这个过程中，首要任务是对土壤、水体等自然元素进行修复。通过采用先进的生态工程技术，社区成功将曾经荒废的土地转变成拥有丰富生态价值的绿色空间。这不仅为城市增添了一处美丽的风景，更提高了城市生态系统的稳定性和可持续性。

图 2-1　瑞典哈默比湖城

在生态恢复的过程中，植被的恢复是不可或缺的一环。社区通过引入各类植物，包括乔木、灌木和草本植物，逐步重建起丰富的植被覆盖层。这不仅美化了环境，还为当地生态系统注入了新的生机。植物在固定土壤、改善水质、吸收有害物质等方面发挥着积极的作用，为土地的生态平衡做出了贡献。

除了植被的恢复，社区还对受到污染的土壤和水体进行了有针对性的修复。通过采用生态修复技术，例如植物修复、土壤生物修复等手段，成功降低了土壤和水体的污染程度。这不仅改善了土地的质量，还为未来的居民提供了更健康、更安全的生活环境。

### 2. 自循环的环保新城

在规划初期，哈默比湖城制定了一个目标：将自身的耗能最大限度转化为动力，减少对额外能源的依赖，并将碳排放控制在最低水平。这一目标的实现使得哈默比湖城成为可持续发展的城市典范。这个拥有 3 万多居民的社区的 50% 的能源来自废水和垃圾的转化，其余则通过屋顶太阳能电池板获取。这种清洁能源系统确保了哈默比的低碳排放，体现了城市在可持续发展方面的创新和领导力。

废水和垃圾转化为能源并非新的环保理念，然而，哈默比湖城的独特之处在于实现了能源转化和城市运作的高度协同。许多城市从废水和垃圾处理中获取能源的过程和城市运转相互脱节，导致能源转化的过程本身存在大量能源消耗，同时城市运作也存在持续地能源消耗和碳排放。

哈默比湖城通过贯通内外两个系统，实现了废物到能源的高效转化。在内部系统方面，通过先进技术将废水和垃圾转化为动力。这不仅减少了城市的废物负担，还有效地利用了资源。在外部系统方面，城市打造了节约的能源使用系统，采用更环保的恒温系统和交通方式。这两个系统相互融合，共同作用，使哈默比湖城成为一个环保且宜居的城市。

### 3. 社区的居住功能与环境和谐共存

哈默比湖城这个临海而建的社区采用了一套被称为"模仿自然的手段净化水"的系统，以确保从地下水甚至海水中获取的饮用水质量。该系统使得这座城市能够以更加环保和可持续的方式获取饮用水，而且可以采用仿生学的方法模仿自然的水循环和过滤机制，从而净化水源而不对其造成过度的压力。

不仅如此，哈默比湖城在废水处理方面也展现出创新性。社区内建有废水收集管道系统，将废水引导到中央净化系统进行处理。在这个过程中，一部分能量被转化为电力，为社区提供家用小功率电器所需的动力。这不仅有效地减少了废水对周围环境的污染，同时将其转化为可再生的能源资源，实现了资源的高效利用。

重要的是，哈默比湖城采取了零废水流出的设计，这意味着废水不再是一个被忽视的问题。通过收集、净化和再利用废水，社区实现了对水资源的封闭循环，最大限度地减少了对外部水资源的依赖。这不仅有助于维护社区周围水体的生态平衡，也是对水资源的可持续管理的生动实践。

哈默比湖城在垃圾处理方面同样展现出创新思维。哈默比湖城将垃圾处理设计为一个能产生可燃性生物气的系统，这种生物气不仅可以用于发电，还可以进一步推动社区的能源循环。这种垃圾处理方式既减少了对传统能源的需求，又促进了垃圾资源的有效回收与利用。

### 4. 政府规划主导、定向补贴支持

哈默比湖城低碳新城主要采用政府规划主导、定向补贴支持的低碳城镇建设模式。通过政府层面的支持资助，发挥低碳城镇规划的主导作用，积极推进低碳城镇发展转型。具体而言，以供给侧可再生能源的开发与利用为抓手，配之以需求侧的能源消费需求结构快速调整；以加大研发环保低碳技术为支撑，不断提高防治污染的能力；以垃圾的回收再利用为助力，努力做到"变废为宝"；以普及节能设备为重要推力，切实提高能源资源的利用效率，实现低碳能源目标。

## 2.2.3　丹麦太阳风社区的发展特色

太阳风社区（Sun & Wind Community）（图 2-2）位于丹麦的贝泽（Beder）。该社区是一个典型的可持续发展典范，展现了居民参与、可再生能源利用和社区自主管理等方面的成功实践。这种社区模式为其他地区提供了可借鉴的经验，为推动全球可持续发展

贡献了积极的力量。该社区具有以下特色[3]。

图 2-2　丹麦太阳风社区

### 1．充分利用太阳能和风能

社区充分利用太阳能和风能作为主要能源，注重可再生能源的使用，以达到降低能耗、调和人为影响与自然资源均衡的目标。为了获得该地区最佳的太阳能收集效果，社区住宅及配套公建屋顶广泛安装为 45°的太阳能电池板。这种方法不仅体现了对可再生能源的充分利用，还在建筑结构设计中考虑了最优化的角度，提高了能源收集效率。

在社区配套公建方面，地下设有集热箱和焚烧垃圾的锅炉房，为社区居民提供约 1/3 的供热需求。这种设施的设置具有多重效益。首先，集热箱可以通过太阳能集热，将太阳辐射转化为热能，再将热能用以供暖系统。其次，焚烧垃圾的锅炉房则利用了生活垃圾中的有机物，通过高温燃烧产生热能，实现了垃圾资源的有效利用，同时提供额外的能源。

这一整合利用太阳能和垃圾焚烧的系统有助于社区的能源自给自足，减少对传统能源的依赖，降低环境污染。通过太阳能和风能的可再生特性，社区在能源利用上不仅实现了环保目标，同时也为当地居民提供了更为可持续和稳定的能源供应。

### 2．建设理念源于居民而非开发商

该社区以居民自发组织为基础，打造了政府和居民共同参与社区规划与建设的方式。这一模式的优势在于其积极有效地满足社区居民的真实需求，同时建立了一系列监督机制，有利于社区的可持续发展。

首先，社区采用由政府和居民共同讨论规划的方法，有助于集结社区居民的真实需求。这种参与式的规划过程确保了社区设施和服务的开发符合居民的实际需求，促进了公共资源的合理配置，并在一定程度上减少了资源的浪费。

其次，社区建立了"生态记录簿"，监督着可持续社区的日常运行。这个记录簿定期向居民公示数据，使得社区居民能够了解社区的生态运行状况。通过社区居民的监督，不仅能够确保数据的准确性和公正性,还能够促使居民自我反思和审查自身的生态行为。这种透明的监督机制有助于社区成员更好地了解并关注环境保护问题,从而更积极地参与社区的可持续发展。

另外,社区组成了环保社团,包括社区居民、政府代表以及相关利益集团的代表。这一多元化的组织结构加强了社区居民与政府之间的交流,也促使政府能够更主动地为社区提供资金和支持。通过这种合作模式,政府能够更好地理解和满足社区的需求,同时社区居民也能更直接地参与决策过程,确保他们的声音被充分听取。

### 3．小区建有公共绿地和菜园

绿地和菜园加强了该地区的物质循环,形成了一个自给自足的生态系统。植物通过光合作用吸收二氧化碳、释放氧气、净化空气的同时,为菜园提供所需的养分。这种内部循环减少了对外部资源的依赖,有助于降低社区的生态足迹,符合可持续发展的原则。大量绿色植物的引入也为社区增加了自然景观的生产功能。除了提供美丽的风景,这些植物还为社区创造了更多的生态位,为各类生物提供了栖息地。这样的多样性有助于促进生态平衡,维护生态系统的稳定性。

## 2.2.4　经验启示

贝丁顿社区、哈默比湖城和太阳风社区被认为是全球低碳社区建设的典范,它们的成功经验为我国智慧低碳社区的建设提供了许多有益的启示[4]。

### 1．制度保障——建立低碳政策标准

政府在低碳社区建设中发挥着至关重要的引导和促进作用。从中央到地方政府,都应不断与时俱进,积极推动相关政策的出台与实施,为低碳社区的发展提供坚实支持。明确低碳社区的规划、设计、施工、评定、验收等各个环节的标准。制定这些标准有助于规范低碳社区建设,确保项目的可持续性和环保性。同时,政府还应实施低碳度的等级评定、动态考核及认证机制,以鼓励社区在低碳方面的不断创新和提升。

同时,政府需要充分整合住房和城乡建设部、国土资源部、环境保护部等相关部委的关键作用。通过协同合作,这些部门可以共同制定和实施低碳社区建设政策,确保政策的协同性和一致性,强化地区政府在低碳建设中的目标、责任和绩效考核,推动低碳社区的落地和发展。

并且,政府应加强对低碳社区的跟踪、指导和监管。其中包括对低碳社区项目的实时监测,及时发现和解决问题,确保社区建设符合政府设定的标准和目标。此外,政府还应开放公众和媒体对低碳社区的监督渠道,促进信息透明,增强社会参与。

政府可以通过设立专项资金、提供税收优惠政策等方式加大对低碳社区的财政投入、补贴和优惠力度。政府应吸引和鼓励民间资本的投资，促进低碳社区建设的多元化融资，推动项目的可持续发展。

政府在政策、制度、管理和资金等方面要全方位提供低碳社区建设的强大保障，从制度层面推动低碳社区的试点，逐步实现规模化和产业化。通过不断改进和完善政策，政府可以为低碳社区的建设创造更为良好的环境，推动我国迈向低碳社区建设的新阶段。

## 2. 技术支撑——创新推广低碳科技

低碳社区建设是一项综合性的任务，需要依靠创新的低碳技术来推动。资源循环和处理技术是一个关键领域，涵盖废物处理、再生能源利用和循环利用技术，从而减少资源浪费，提高资源利用效率。清洁能源生产和利用技术是推动低碳社区的重要支柱，包括太阳能、风能等可再生能源的利用，以替代传统的高碳排放能源。

低碳技术的创新和广泛推广需要全社会的共同努力，政府在这一进程中扮演着重要角色。政府应鼓励科研机构和企业加大对低碳技术的投入，并提供资金支持和政策激励。此外，政府可以建立技术研发平台，促进不同领域专家的合作与交流，以推动低碳技术的创新。除了政府支持外，企业也是低碳技术推广的关键推动者。企业可以通过研发创新产品、建立低碳供应链以及参与社区建设项目来促进低碳技术的应用。同时，政府鼓励和激励企业采用更环保和高效的技术和设备，也是推动低碳技术广泛应用的重要手段。

## 3. 规划先行——优化设计生态体系

低碳社区的建设必须在前期进行周密的规划和设计，以形成完善的生态体系。综合运用城市规划、建筑设计、生态学、景观学、工程学等多个学科是关键。在规划阶段，选择合适的社区区位，优化社区空间结构，完善社区功能布局，有助于提高社区的整体可持续性。此外，要充分利用自然条件，通过优化住宅朝向和户型设计，延长建筑使用寿命，降低碳排放和建筑垃圾的产生。

在社区设计方面，需要考虑详细的能源和资源利用以及循环体系。这包括优化社区的日照情况，利用自然和清洁能源环境，同时精密设计社区的排水系统、污水处理系统、中水利用系统、雨水收集系统、垃圾回收处理系统等。这些设计决策有助于减少能源和水资源的浪费，降低环境负荷，从而实现社区的可持续发展。另外，规划社区绿色交通路线以及布局低碳基础设施是建设低碳社区的重要组成部分。通过设计高效吸收碳排放的社区立体绿化，既可以减少碳排放，又可以美化环境，提升居民生活质量。

通过前期周密的规划设计，低碳社区可以形成区域内外物质和能量的有序高效循环。这有助于构建与自然和谐的生态平衡系统，创造高效、低物耗、零排放、无污染的宜居环境，最终实现节能低碳、美观实用、自然舒适的社区目标。这种全面而精心设计的社区规划是实现可持续发展的关键一步。

### 4．社区管理——鼓励居民主动参与

低碳社区的主体是人，而社区居民是构成社区的基本元素和最活跃的因素。因此，低碳社区的建设需要与社区内居民密切配合，并将其作为发展的主要动力之一。成功的低碳社区都注重培养和塑造社区居民的低碳理念与行为，使居民成为社区低碳发展的持久内在动力。

低碳社区管理不仅应普及、宣传低碳的消费和生活方式，更应朝着更为主动的方向转变。居民参与低碳社区的规划与设计，不仅要在日常生活中践行低碳理念，遵守社区的共同低碳行为准则，还要开展社区居民参与的低碳活动。这包括维护和监督社区的低碳秩序，不断为社区的低碳发展注入新的能量和内容，使居民成为社区低碳管理的推动者、组织者与规划者。

在这个过程中，通过共同学习、相互学习等方式培育居民的低碳意识。社区要通过居民参与培育居民共治的主人翁精神，通过多样的低碳计划和项目提供居民参与社区低碳发展的机会。同时，通过建立社区低碳组织进行社区低碳管理，增强居民对社区的归属感和自豪感。通过这样的方式，社区可以进一步挖掘培育社区的低碳价值和文化。

通过社区管理，实现自下而上的社区低碳建设，培育低碳社区建设的灵魂和持久动力。居民的参与不仅仅是被动接受，更是主动参与社区建设、共同维护低碳环境的过程。这种共同努力将为社区提供更多的创新思路、解决方案，并在居民中培养共同责任感，实现社区的可持续低碳发展。最终，社区管理需要成为促使居民参与的桥梁，激发居民对低碳生活方式的热情，从而共同推动低碳社区建设。

### 5．智慧引领——打造便利舒适环境

在智慧低碳社区建设中，绿色建筑是不可或缺的关键元素。这种社区的设计理念不仅关注于居民的生活舒适度，更致力于最大程度地降低对环境的负担。通过采用环保材料和先进设计理念，这些社区旨在打造宜居、绿色、可持续的居住区域。绿色建筑的核心在于采用环保材料。这意味着社区建筑将选择可再生、可回收的材料，减少对有限资源的依赖。木材、玻璃、金属等可循环利用的建筑材料将成为首选，以降低生产和建筑过程中的碳排放。此外，这些社区通常鼓励使用当地材料，减少运输过程中的能源消耗，从而降低整体的环境影响。

在社区中推广电动汽车、电动自行车和电动滑板车等电动交通工具，以减少燃油车

辆的使用，减缓空气污染和温室气体的排放。除此之外，智能交通系统的应用也为社区交通管理带来了新的思路和方法，其中包括智能交通信号灯、实时交通信息和智能交通规划等技术。在交通管理方面，这些智慧技术的应用有助于改善社区交通拥堵问题，提高交通效率，降低汽车排放，为可持续的社区交通奠定了坚实基础。

智慧技术在垃圾处理方面的应用也十分广泛，其中，包括垃圾分类、自动化垃圾传输系统和电脑控制与自动分离等方面。通过设置不同类别的电子垃圾桶，能够方便居民进行垃圾分类，有助于提高垃圾资源的回收率。自动化的垃圾传输系统减少了人为操作的介入，地下管道的设计使得垃圾在不同类别之间进行高效的传输，并且降低了可能的污染风险。最后电脑控制系统使得整个垃圾处理系统更加智能化。垃圾在传输的过程中可以实现自动分离，进一步提高了垃圾分类和再利用的效率。

这些技术的综合应用可以为我国智慧低碳社区的建设奠定坚实基础。

# 2.3　我国智慧低碳社区的发展

低碳经济、低碳城市和低碳社区在我国的发展确实相对较晚，但政府与社会近年来采取了多项举措以促进这些领域的发展，旨在建立资源节约型、环境友好型社会。

## 2.3.1　发展历程

我国智慧低碳社区的发展历程主要包括政策理念和实践两方面。

2000 年，我国制定了《全国社区建设示范城基本标准》，明确提出社区应具备良好的生态环境，强调社区内的净化、绿化和美化工作。

2004 年，国务院进一步加强了这一方向，提出了"绿色社区"的概念，与低碳社区的目标高度一致。这一标准和目标为后续的低碳社区建设奠定了基础。

2011 年，低碳社区试点成为控制温室气体排放的关键手段，国家开始在各地推动低碳社区试点项目，旨在通过改变居民的生活方式和行为，减少碳排放。

2014 年，国家发展和改革委员会发布了关于低碳社区试点工作的通知，强调各地政府在组织、创建和落实低碳社区方面的责任。

2015 年，国家发展改革委印发了《低碳社区试点建设指南》，明确了在推进城镇低碳化和控制居民生活碳排放方面的具体要求和措施。

在"十三五"期间，我国颁布了《关于加快建立健全绿色低碳循环发展经济体系的实施方案》，该《方案》从六个方面部署了重点工作任务。一是健全绿色低碳循环发展的生产体系。二是健全绿色低碳循环发展的流通体系。三是健全绿色低碳循环发展的消费体系。四是加快基础设施绿色升级。五是构建市场导向的绿色技术创新体系。六是完善法律法规政策体系。

2021 年 7 月 1 日，国家发展和改革委员会印发关于《"十四五"循环经济发展规划》。该《规划》的主要目标是大力发展循环经济，推进资源节约集约循环利用，对保障国家资源安全，推动实现碳达峰、碳中和，促进生态文明建设具有十分重要的意义。

2022 年 1 月 30 日，国家发展改革委、国家能源局联合发布了《关于完善能源绿色低碳转型体制机制和政策措施的意见》，该《意见》旨在推动我国能源绿色低碳转型，以实现碳达峰、碳中和的目标。《意见》提出，到 2030 年，基本建立完整的能源绿色低碳发展基本制度和政策体系，形成非化石能源既基本满足能源需求增量又规模化替代化石能源存量、能源安全保障能力得到全面增强的能源生产消费格局。

2022 年 4 月 2 日，国家能源局科技部印发《"十四五"能源领域科技创新规划》。《规划》的出台对我国未来的能源科技创新具有重要的战略意义，它将引导我国的能源科技发展方向，促进能源科技的创新和进步，推动我国能源产业的高质量发展。同时，它也将对全球能源科技的发展产生积极影响，推动全球能源科技的共同进步和发展。

2022 年 11 月 8 日，教育部印发《绿色低碳发展国民教育体系建设实施方案》。《方案》的发布将有助于推动我国绿色低碳教育体系的建设，引导青少年牢固树立绿色低碳发展理念，为实现碳达峰、碳中和目标做出教育行业的特有贡献。未来，随着科技的进步和社会的认知提升，倡导绿色低碳生活方式、打造宜居生活环境、推动低碳社区创建将成为我国可持续发展的必然选择。

低碳社区建设旨在提升城市的碳中和能力，从而推动绿色发展。我国政府在各级部门开展了多方面的试点工作，如低碳城市试点、节能减排示范城市试点、可再生能源利用市场试点、低碳交通城市试点、智慧城市试点、海绵城市试点、资源转型城市试点、生态文明示范区等。这些试点结合各部门的职能，从不同角度探讨城市可持续发展模式。

2010 年，我国启动了第一批低碳省区、低碳城市试点工作，着重考虑区域代表性、已有工作基础和工作意愿等因素。

2012 年和 2017 年，我国又分别启动了第二批和第三批试点工作。

目前，低碳省区、低碳城市试点已全面展开，强调了区域差异。通过这些试点可探讨不同类型、不同发展阶段、不同产业特征和资源禀赋地区的绿色低碳发展道路和模式，以推动低碳经济发展。第三批试点城市增加了二氧化碳排放目标考核，设定了二氧化碳排放峰值，实践尝试了碳达峰目标。通过这些试点，可以深入了解在不同条件下实现低碳目标的可行性，并为未来的政策制定提供经验教训。通过低碳城市试点，各地对低碳发展有了更深刻的认识，提升了对低碳经济的认知和能力建设，为全国低碳经济的发展起到了积极的带动作用[5]。

## 2.3.2　发展现状

目前，我国在政策层面已经制定了明确的低碳社区试点建设指南，但对试点社区的具体政策建议和实施办法尚显不足。低碳城市和低碳社区建设牵涉到广泛的领域，包括产业结构调整、能源结构调整、碳汇能力核算、碳汇交易市场建设、政策法规和体制机制的制定等方面。低碳社区已经成为实现低碳城市和低碳经济发展的重要途径，也是公众参与低碳经济发展的关键方式。

在国内，已建设的低碳社区可分为两类。一类是与商业产业园区相结合的新兴社区，以产业为主导，实施零排放区域。另一类是通过社区街道活动形式开展，强调低碳生活或节能减排理念。不同学者从不同角度提出了可持续发展社区、生态宜居社区、绿色低碳社区、碳中和社区等概念。尽管这些概念的名字存在差异，但它们的重点和内涵都集中在居住环境舒适、健康、节能、环保等方面，强调二氧化碳的减排，同时关注社区居民的日常行为，以最大限度地减少温室气体排放，实现社区和城市的碳中和目标。值得关注的是，政策上明确的低碳社区试点建设指南已经为低碳社区的发展提供了框架。然而，缺乏具体的政策建议和实施办法可能阻碍试点社区的顺利推进。因此，进一步完善和具体化相关政策，包括促进产业结构调整、鼓励能源结构调整、建设碳汇交易市场、制定更加细化的政策法规等，都是推动低碳社区建设的必要步骤。此外，为了更好地实现低碳社区建设的目标，还需要不同层面的支持。从社区角度来看，可以通过加强对社区居民的宣传教育，培养居民的低碳生活意识，鼓励居民的节能减排行为。从政府层面来看，可以建立更加完善的政策法规，提供财政和税收激励，支持碳交易市场的发展。此外，还需建立健全的监测和评估机制，对低碳社区的效果进行及时、全面的评估，为未来的政策调整提供科学依据。

通过借鉴智慧城市建设的经验，低碳社区逐步引入智慧化技术，以期提升居民生活质量、实现可持续发展和降低环境影响。首先，社区进行了大规模的数字化升级，包括建设智能管理系统、物联网设备、云计算等。这些技术的引入使得社区管理更加高效、精准，为后续社区的智慧化发展奠定了坚实基础。例如，通过智能管理系统，社区能够实时监测能源消耗情况、垃圾处理效率，从而精细化管理资源的利用。第二，社区利用先进的技术，如智能电网和可再生能源应用，实现能源系统的智能调度和优化。这不仅提高了能源的利用效率，也降低了对传统能源的依赖，有力支持了低碳目标的实现。同时，社区通过鼓励居民采用绿色能源，推动了全社会对可持续能源的认知和应用。除此之外，社区引入智能交通系统，利用先进的数据分析和监测技术，实现交通流量的实时调整和优化。电动交通工具的推广和共享交通模式的引入也成为低碳出行的一部分，促使居民更加环保地选择交通方式。最后，随着大数据技术的广泛应用，社区管理迈向更为智慧的阶段。通过大数据分析，社区可以更深入地了解居民需求，及时响应问题，提高社区运营效率。

我国智慧低碳社区的建设正处于蓬勃发展的阶段，通过技术的不断创新和政策的支持，社区正在逐步迈向更为智能、绿色、可持续的未来。

## 2.3.3 现存问题

自推动低碳社区建设以来，我国已经取得了很大成就，但在社区建设上仍有一些政策上和技术上的问题，包括规划缺乏具体的细节指导、公众参与度和自觉性较低以及集体互动行为较少三个方面[5]。

### 1. 规划缺乏细节指导，推广实施有难度

当前，我国低碳社区建设更加注重打造模范标准的低碳社区。在选择试点地时，标准化是重要因素之一。一般来说，试点地的选择遵循以下原则。

- ❏ 具有地域和文化特色，以典型性和代表性为低碳社区建设的特点；
- ❏ 社区管理具有明确的主体，符合城市总体定位和土地利用规划；
- ❏ 具有较大发展潜力，对当地低碳发展具有引领示范作用；
- ❏ 国家低碳城市试点、智慧城市试点、循环经济城市试点等社区将被优先考虑；
- ❏ 优先选择能源消耗较大、需要改造节能设施的社区。

尽管低碳社区建设的策略侧重于示范带动作用，但低碳生活不仅仅限于试点社区或试点城市的发展，还涉及国家的所有地区。尽管大部分社区可能无法全面执行试点政策，但仍可以通过推进低碳生活宣传、低碳环境营造和基础设施建设等方面的工作来取得进展。通过公民个人的行动，可以推动碳中和目标的实现，从而实现全面的碳中和。一步到位的方法固然有效，但循序渐进也是一种可行的发展方式。

### 2. 建设过程缺少评估，社区维护缺少监督

低碳社区建设是我国可持续发展的重要方向之一，它涉及多个方面，包括规划设计、建筑材料使用、能源系统、资源利用和生活方式的低碳化。在建设过程中，需要注意避免过度设计、忽视运输过程、能源设备制造和维护中可能引起的再次污染。贝丁顿社区是一个成功的案例，它以就地取材和就地使用能源材料为特点。这种做法能有效减少运输中的碳排放，并更加符合低碳社区建设的原则。因此，为了避免建设过程中的疏忽，我们需要对每一个环节进行监督和评估。建设评价指标体系不仅可以用于科学研究或项目验收阶段，也是在建设过程中不可忽视的环节，可以确保实现低碳发展的目标。

除了建设阶段，低碳社区的维护也需要社区管理方和居民的共同努力。然而，社区

具有复杂的管理模式和多个参与主体，各参与主体的权益和责任界定不明确，给社区管理维护工作带来了一些困难。因此，我们需要明确社区负责维护低碳建设的主体，并提高公民的低碳环保意识，以实现双向的监督。另一种可能的策略是引入第三方监督，以更好地维护低碳社区的发展。

### 3. 集体互动行为较少，未能形成居民行为准则

低碳社区建设是我国实现碳中和目标的重要战略，在这一过程中，采用"自上而下"和"自下而上"两种发展模式。在低碳社区建设初期，"自上而下"的模式更为适合。在"自上而下"模式中，政府在低碳社区建设中扮演着主导角色，通过制定政策、提供资金支持和引导规划，直接推动社区的低碳化进程。这种模式有助于迅速推动低碳社区建设，确保项目的高效执行，特别是在政府资源充足、监管机制健全的情况下。然而，"自下而上"的公众参与模式也被提出，并在国家政策中得到强调。这种模式强调社区居民的积极参与和个体行为的改变，以推动低碳生活方式的普及。虽然国家政策鼓励提高公民低碳意识，但公民环保意识的培养是一个漫长的过程，存在一定的争议。

在我国，社区居民在低碳社区建设中的参与呈现一些特征。首先，一般性的节能环保行为相对较多，表明居民在日常生活中已经具备了一定的环保意识，愿意采取简单的措施来减少碳排放。然而，相对专业性的低碳参与活动，居民的参与相对较少，这可能与缺乏相关知识和机会有关。此外，个体行为相对较多，但相互协助和互动行为相对较少。这可能意味着尽管居民在个体层面上愿意采取低碳行为，但社区层面的合作和互动仍有待加强。社区作为一个整体，需要居民之间的共同努力和互动，才能实现低碳社区的全面发展。对比欧洲低碳社区，我国社区居民更倾向于将低碳社区建设的责任寄希望于政府行为。这反映了我国在低碳社区建设方面政府主导的传统理念，以及居民对政府在环保方面的更高期望。然而，与欧洲注重民众参与和责任分担的理念相比，这种差异可能会影响政策的针对性设计和实施。

低碳社区作为城市生态文明建设和可持续发展的基础空间，具有重要的战略意义。然而，目前低碳社区的建设成果并不显著，这与社区居民参与模式的局限性有关。

## 2.3.4  未来发展趋势

我国正在积极推动低碳社区建设，以实现 2060 年碳中和目标。然而，目前我国碳中和的技术路径尚不够成熟，相应的经济成本较高，因此短期内从碳吸收端实现碳中和目标并不切实可行。鉴于此，当前实现碳中和的建设策略应当集中在加速低碳社区的建设上。未来低碳社区将更加强调社区居民的参与，包括居民在低碳生活方式、能源节约、垃圾分类等方面的积极参与。在低碳社区建设中，培养居民的环保意识至关重要。培养

居民的环保意识可以通过开展宣传活动、教育课程、社区讲座等方式来实现。量化社区碳中和潜力是实现低碳目标的关键，其中包括评估社区的碳排放水平，确定减排潜力，并制定相应的减排计划。科学的评估将有助于确定最有效的减排策略和投资方向。未来城市和社区的低碳开发潜力需要经过科学准确进行评估。可以对城市规划、能源利用等多个方面进行评估，以确定最具潜力的领域，制定可行的低碳发展计划[5]。

### 1．建立政府主导下公众积极参与的低碳社区发展模式

低碳社区建设的成功与否取决于公众的积极参与。这种发展模式被认为是一种"自下而上"的方式，强调社区居民在低碳社区建设过程中的主导作用。公众的参与可以通过个人学习与行动、个人间的相互影响与学习，以及有组织的集体行动来实现。

首先，个人自身的学习与行动是公众参与低碳社区建设的基础。社区成员需要了解环境学、生态学、化学、气候学等领域的专业知识，以便更好地理解低碳生活的重要性。政府和社区组织可以提供相关培训和教育，以激发居民对低碳文化和社区建设的兴趣。这样的学习过程不仅提高了居民的环保意识，还为他们在低碳社区建设中扮演更积极的角色提供了基础。

其次，个人之间的相互影响与学习是建设低碳社区不可或缺的一环。社区成员之间的思想交流和经验分享能够促使低碳意识在整个社区内共同进步。这种相互学习的过程有助于形成一致的思想和行为准则，进而有助于构建有利于低碳社区建设的组织体系。社区内部的共同理念将成为推动低碳文化的力量，从而实现更为协调和有序的社区建设。

最后，有组织的集体行为是低碳社区建设的关键。社区的集体行为不仅有助于形成低碳文化的氛围，还可以通过示范带动的方式向整个社会传播正能量。政府在这一过程中扮演着重要角色，特别是在我国这样一个高度民主集中的国家。建立适合我国国情的政府主导、公众积极参与的低碳社区发展模式是未来工作的关键。

在政府主导的框架下，可以采取一系列措施，例如制定明确的政策法规、提供经济激励、支持社区教育和培训等，以鼓励居民更积极地参与低碳社区建设。政府与社区组织之间的合作是实现这一目标的关键，共同制定并执行低碳发展计划，确保公众的需求得到满足。

### 2．定量核算低碳社区的碳中和潜力及其在我国碳中和目标中的作用

我国在低碳社区建设方面进行了大量试点工作，积累了一定的经验。随着我国提出在 2060 年实现碳中和目标，城市和社区碳中和的潜力成为社会关注的焦点。城市和社区碳排放通常经历增长、达峰、中和等不同阶段，而目前我国社区碳排放仍在增长阶段，主要受限于社区居民的低碳生活意识和碳吸收技术效率等瓶颈。低碳社区发展模式强调"自下而上"的途径，意味着社区居民的参与至关重要。因此，制定科学的社区碳排放核

算方法、建立社区碳排放数据库、进行碳中和社区愿景规划是至关重要的步骤。这些措施有助于量化社区碳中和潜力，为实现碳中和目标提供科学依据。

科学的社区碳排放核算方法是了解社区当前碳排放状况的基础。通过采用准确可靠的核算方法，可以识别碳排放主要来源，为后续减排措施的制定提供依据。建立社区碳排放数据库则是为了更全面地了解碳排放情况，为社区低碳规划和管理提供数据支持。

碳中和社区愿景规划是实现未来社区碳中和目标和路径的重要工作。通过制定愿景规划，社区可以明确碳中和的时间表和目标，同时制定相应的政策和措施来推动碳中和进程。这需要综合考虑社区的特点、居民的需求以及可行的技术和政策手段。

### 3．科学、准确评价城市和社区可开发的潜力及其实现路径

社区的土地资源是实现清洁能源发展和碳中和的重要资产，优化这些资源的利用是创造低碳社区的关键，尤其是屋顶光伏资源的开发，可为社区提供可再生能源，降低温室气体排放，推进可持续发展。

首先，要充分了解城市和社区的土地资源，这包括对用途、规模和潜在价值的评估。确定哪些土地可以用于清洁能源项目，例如光伏板安装，需要考虑土地所有权、承载能力、光照情况等因素。屋顶光伏资源的开发是一项可行的战略，因为这些资源通常未被充分利用。鼓励业主和建筑物管理者在屋顶安装光伏板，不仅可以提供清洁能源，还能降低能源成本，对社区碳中和目标的实现具有重要意义。

其次，利用科技和创新促进清洁能源开发。技术的不断进步降低了太阳能和风能等清洁能源的成本。光伏板和风力涡轮等技术已经更加高效、便捷，提高了能源生产效率。

第三，制定可持续的城市规划和政策，以促进土地资源的合理利用。城市规划应包括鼓励在建筑物屋顶安装光伏板，利用空旷土地建设太阳能或风能发电站等措施。政策上可以提供激励措施，如税收优惠、补贴，吸引和鼓励企业和居民参与清洁能源项目。

### 4．以科技为本提供智能化服务

随着智能化技术的不断成熟，低碳社区建设将逐步与智慧化技术互动发展。未来，新技术、新手段将更多应用于智慧低碳社区的建设。

首先，借助互联网和物联网技术，智慧低碳社区将社区内的各种设备和系统连接起来，形成一个高度智能化的网络。居民通过智能手机、平板电脑等终端设备可以随时随地访问社区信息，了解社区活动、服务和公共设施的状态。通过收集和分析社区内各种数据，如能源消耗、交通流量、环境指标等，居民可以更全面地了解社区的运行状况。基于大数据分析，社区管理者可以制定更科学的规划，优化资源分配，提升社区的整体效益。

其次，社区内部的智能设备，包括智能家居、安防系统、环境监测设备等，能够实

现互联互通。这意味着居民可以通过一个统一的平台控制和监控他们的设备，同时社区管理者也可以远程监测社区设施的运行状态，及时处理问题。通过实现高效沟通和信息共享，社区能够更迅速地响应居民需求，提供更贴近居民生活的服务。

最后，智慧低碳社区通过技术手段可以提升社区的安全性，例如，通过智能监控系统实时监测社区安全状况，预防潜在的安全隐患。这种安全性的提升不仅使居民感到更加安心，也为社区的稳定运行提供了重要保障。

# 2.4　我国智慧低碳社区建设的支撑体系

我国智慧低碳社区建设的支撑体系是一个涉及多方面、综合性的系统工程，需要政府、企业、居民等各方通力合作，形成一个完善的支撑框架。政府在政策、法规、资金等方面扮演关键角色，通过引导和支持，可以促进技术创新、经济激励，并提高公众意识。企业可通过研发创新，推动绿色技术和产品的发展，居民则可通过节能减排、垃圾分类等行为贡献实际行动。这种多方合作形成的支持体系，将为我国智慧低碳社区的可持续发展提供强有力的支持。

## 2.4.1　政策法规体系

我国已经出台了一系列的政策法规来推动智慧低碳社区的建设。

国家发展改革委等 5 部门联合印发了《关于加快建立产品碳足迹管理体系的意见》，对各项重点任务作出系统部署，提出到 2025 年国家产品碳标识认证制度基本建立的目标。该政策的核心是加快建立产品碳足迹管理体系，旨在引导企业、产业和消费者减少产品生命周期中的碳排放，促进绿色发展，以此为实现碳达峰、碳中和目标提供支撑。首先，该政策强调了产品碳标识认证制度的建立，目标定在 2025 年。这一认证制度将为消费者提供更多关于产品碳足迹的信息，使其能够做出更环保的购买决策。此举有望推动绿色消费，鼓励企业采用更环保的生产和供应链管理方式，从而推动产业升级。其次，该政策的实施将有助于提升外贸产品的竞争力。随着全球对气候变化的关注日益增加，国际市场对低碳产品的需求也在上升。通过建立产品碳标识认证制度，我国的出口产品可以更好地满足国际市场的绿色需求，提高产品的国际竞争力，同时推动全球产业链向着更为可持续的方向发展。此外，该政策的系统部署涵盖多个重点任务，包括产品碳足迹计量方法的研究、碳足迹信息公开、碳足迹认证体系建设等。这些任务的推进将有助于建立完善的产品碳足迹管理体系，为政府监管和企业自律提供具体而系统的指导，有助于确保政策的有效实施。

我国致力于推动绿色低碳循环发展经济体系，以实现全面绿色转型，促进经济社会的可持续发展。《关于加快建立健全绿色低碳循环发展经济体系的指导意见》是一份由国务院印发的重要文件，其提出的目标是在促进经济社会发展的同时，全面推动我国走向绿色低碳循环的发展道路。首先，文件明确了建设绿色低碳循环发展经济体系的总体目标。这一目标是实现经济社会发展的全面绿色转型，从而在可持续发展的框架下推动我国经济向更为环保、低碳的方向转变。这体现了政府对环境保护和可持续发展的高度重视，强调了在经济增长的同时不牺牲生态环境的必要性。其次，文件提出了在绿色低碳循环发展经济体系建设中的主要原则和路径。其中包括通过法规、政策和市场手段，推动产业结构的调整升级，鼓励企业采用清洁技术，提高资源利用效率，降低碳排放。同时，加强绿色技术研发和创新，推动可再生能源的应用，构建全产业链的绿色供应链管理体系，形成绿色低碳循环的发展模式。文件对政府和市场的协同作用进行了明确的规划，旨在通过政府的引导和市场的活力共同推动经济体系的绿色升级。这涉及政府制定相关法规政策，提供财政和税收支持，同时激发市场主体的积极性，推动资本流向绿色产业，促进绿色金融的发展。政府与市场的有机结合将成为推动绿色低碳经济体系发展的关键因素。

碳排放"双控"制度是我国为实现碳达峰和碳中和目标而采取的关键政策措施。该制度的核心在于通过控制单位国内生产总值（Gross Domestic Product，GDP）的碳排放量，来达到对整体碳排放的控制。首先，碳达峰和碳中和是我国政府在全球气候变化背景下为减缓温室气体排放而设定的重要目标。碳达峰要求我国在一个特定的时间点达到二氧化碳排放的峰值，而碳中和则要求在更长的时间范围内，二氧化碳总体排放量与吸收量达到动态平衡。这两个目标的实现对全球应对气候变化具有重要意义。碳排放"双控"制度将控制碳排放的责任下沉到单位 GDP 层面，即通过单位 GDP 的碳排放强度来控制整体碳排放。这种方式使得经济发展和碳排放的关系更为密切，推动了低碳技术的应用和绿色经济的发展。单位 GDP 碳排放强度的下降意味着经济增长能够以更少的碳排放为代价，实现经济与碳排放的脱钩。在实施碳排放"双控"制度的过程中，可能涉及多方面的合作与配套措施。产业界需要加大绿色技术研发和应用力度，提高能效，减少碳排放。金融界需要支持绿色产业发展，提供可持续发展的融资。社会大众需要提高绿色消费意识，积极参与碳减排行动。政府则需要加强法规建设，加大对碳市场建设的支持，推动碳排放权交易等措施的落地。

碳定价机制是通过设定碳排放的价格来激励企业和个人采取低碳行为，从而降低碳排放。我国已经在一些地区开展了碳排放权交易，通过市场机制来调控碳排放。碳排放权交易是指政府向企业发放一定数量的碳排放额度，即碳排放权，企业可以在市场上进行买卖交易。每个企业拥有特定数量的碳排放权，如果超出了这个限额，企业就需要购买额外的碳排放权，反之则可以出售多余的碳排放权。这样的市场机制为减少碳排放提供了经济激励,使得减少碳排放成本高的行业更倾向于降低碳排放。在碳排放权交易体系中,企业可以根据自身的经济利益选择采取更为环保的技术和策略,如使用清洁能源、提高能效或实施碳捕获与储存技术等,从而降低碳排放并获得额外的经济利益。这种机制有效地将碳减排成本纳入企业的经营考量中,促使其更加积极地参与碳减排行动。碳定价机制的推行对经济和环境产生了双重影响。首先,它在一定程度上提高了碳排放者的成本,特别是那些碳高排放的企业,从而促使它们采取更为环保的措施,推动了低碳技术的应用和创新。其次,通过市场机制来调控碳排放,使得整体社会在降低碳排放方面更具竞争力,为经济可持续发展打下基础。

## 2.4.2  碳排放统计核算体系

我国的碳排放统计核算体系是为了积极稳妥推进碳达峰、碳中和的基础性工作而制定的。该体系包括四项重点任务:第一,建立全国及地方碳排放统计核算制度。要求统一制定全国及省级地区碳排放统计核算方法,明确对能源活动、工业生产过程、排放因子、电力输入输出等相关基础数据的统计责任。并且可以按照数据可得、方法可行、结果可比的原则、制定省级以下地区碳排放统计核算方法。第二,完善行业企业碳排放核算机制。要求组织制定包括钢铁等重点行业碳排放核算方法及相关国家标准,加快建立覆盖全面、算法科学的行业碳排放核算方法体系。并且要求根据碳排放权交易、绿色金融领域工作需要,与重点行业碳排放统计核算方法充分衔接,细化企业或设施碳排放核算方法或指南。第三,建立健全重点产品碳排放核算方法。要求优先聚焦钢铁等行业和产品,研究制定重点行业产品的原材料、半成品和成品的碳排放核算方法。并且要求推动实用性好、成熟度高的核算方法逐步形成国家标准,指导企业和第三方机构开展产品碳排放核算。第四,完善国家温室气体清单编制机制。要求建立常态化管理和定期更新机制。并且要求组织开展数据收集、报告撰写和国际审评等工作,按照履约要求编制国家温室气体清单。最后也要加强动态排放因子等新方法学应用,推动清单编制方法与国际要求接轨。在这个体系中,我国已经制定了碳排放统计核算体系实施方案,并组织开展了碳排放核算试点,启动了全国碳市场交易。此外,该体系还在科学有序地推进"双控"对象的转变,包括新能源安全可靠逐步替代传统能源,正确处理发展和减排、未来和当前的关系,以及深入推动以碳排放总量和强度控制为导向的经济社会发展转型。为了完善这个体系,我国还在推进碳排放因子库的本地化和排放清单的持续更新,并建立符合实际的碳排放统计核算体系。同时,我国也在调整、完善碳排放统计核算方法,制定各类燃料的能量含量假设及等效折算标准,通过实测燃料的各参数加强对各品类碳排放的测算推定,以及清晰界定三产活动尤其是工业生产的碳排放核算范围，系统研究计量误差，提高核算数据精度，提升能源消费和碳排放统计数据质量。此外，我国还在加强碳排放统计核算的人才科技支撑，组织高水平科研团队，持续跟踪掌握碳排放统计核算技术研究动态，开展关键技术攻关。

目前我国碳排放体系的一些关键细节有以下方面。

### 1. 碳排放核算试点

我国在应对气候变化和推动碳减排的过程中，通过启动碳排放核算试点项目，展示了对碳排放问题的深刻关注和切实行动。这一系列试点项目旨在测试和验证碳排放核算的方法和指标，涵盖不同地区和行业，旨在收集数据、验证方法，为全国范围的碳排放核算提供经验和指导。

首先，这些试点项目的地域覆盖广泛，涉及了我国的不同地区，包括城市和农村地区，山区和平原地带，以及不同气候条件下的地域。这有助于全面了解我国不同地区碳排放的特点和差异，为制定全国性的碳排放标准和政策提供基础数据支持。

其次，试点项目的行业覆盖也很广泛，包括能源、制造业、交通、建筑等多个领域。各行业的碳排放状况存在显著差异，通过在不同行业进行试点，可以更全面地了解各行业的碳排放情况，并为未来相关政策的制定提供科学依据。

试点项目的核心目标之一是通过实地数据的收集，验证碳排放核算的方法和指标的准确性和可行性。这将有助于建立更为科学合理的碳排放计量体系，提高核算数据的准确性和精度。同时，试点项目也是为了解决在碳排放核算中可能遇到的挑战和困难，为未来全面推行碳减排提供经验总结和方法论积累。

通过试点项目的实施，我国能够积累丰富的碳排放核算经验，并为未来全国性的碳市场建设、碳排放交易提供基础。这也为我国在国际碳减排合作中扮演更加积极的角色提供了坚实的基础。

### 2. 全国碳市场交易

我国在 2021 年启动全国碳市场，这一举措标志着我国在应对气候变化和推动碳减排方面迈出了重要一步。中国碳市场是全球最大的碳市场之一，其实施对推动企业减少碳排放、提高能源利用效率，实现碳减排目标和推动低碳经济发展具有深远的意义。碳市场的核心机制是碳配额交易，即通过对二氧化碳等温室气体的排放进行配额规定，并允许企业在市场上进行买卖，形成市场化的碳交易体系。这种机制旨在通过经济手段激励企业减少碳排放，创造经济和环保的双赢局面。

首先，全国碳市场的推出使企业对碳排放产生了直接的经济压力。企业需要购买碳配额来弥补其碳排放超过配额的部分，这激励了企业主动采取措施减少碳排放，提高能源利用效率，以降低碳交易成本。这种经济激励机制有助于形成全社会共同关注碳减排的氛围，推动企业在生产经营中更注重环保和可持续发展。

其次，全国碳市场的建立促进了清洁技术的发展和应用。企业为了降低碳排放成本，将更加倾向于采用清洁、低碳的生产技术和能源。企业的这种行为推动了清洁技术的创新和推广，有助于提升企业的竞争力，还促使了整个产业链的升级，推动了低碳技术的广泛应用。

此外，全国碳市场的运作还能够引导资金流向碳减排项目。企业通过购买碳配额，实际上是在为碳减排项目提供资金支持，从而促进碳减排项目的投资和实施。这为碳市场的健康发展提供了可持续的资金支持，也推动了更多的碳减排举措。

### 3．碳排放体系数据质量的提升

为了进一步完善碳排放统计核算体系，我国不断提升数据质量。这包括推动碳排放因子库的本地化和排放清单的持续更新，确保数据的准确性和可靠性。

推动碳排放因子库的本地化。碳排放因子是指单位能源或产出所产生的碳排放量，不同地区、不同行业的碳排放因子存在差异。为了更准确地反映各地的实际情况，我国将碳排放因子库进行本地化，即根据各地的能源结构和产业特点调整和建立相应的碳排放因子库。这有助于提高碳排放数据的地方性、精准性，为地方政府更有效地开展碳减排工作提供支持。

其次，进行排放清单的持续更新。排放清单是指对碳排放源进行明确记录和分类的清单。通过不断更新碳排放清单，我国能够更及时地获取和反映碳排放的变化情况，其中包括监测新的碳排放源的增加、老旧设施的更新改造等情况，以确保排放数据的时效性和全面性。

同时，我国在调整和完善统计核算方法上也下了很大功夫。统计核算方法是指对碳排放进行量化和计算的方法，其科学性和合理性直接影响到数据的准确性。我国在这方面进行了不断的研究和改进，确保碳排放的统计核算方法与国际标准接轨，提高数据的可比性和国际可信度。

另外，我国研究人员还在优化各种燃料的能量含量假设。不同燃料的燃烧释放出的碳排放量不同，因此，为了更准确地计算碳排放，需要对各种燃料的能量含量进行合理的假设和计算。我国在这方面进行了不断的优化，以确保各种燃料在统计核算中的能量含量假设更加科学和准确。

最后，我国在等效折算标准上也进行了优化。等效折算是指将不同温室气体的排放量折算为二氧化碳当量，以便进行比较和分析。我国通过不断优化等效折算标准，更好地反映不同温室气体对全球变暖的影响，提高了碳排放数据的综合比较性。

## 2.4.3 指标体系

我国制定了一套全面的智慧低碳社区指标体系，涵盖社区低碳规划、建设、运营管理的全过程。这一指标体系旨在引导社区在碳排放、能源利用效率和可持续性等方面朝着更为环保和可持续的方向发展。指标体系包括 10 类一级指标和 46 个二级指标，其设计考虑了社区的整体性和全过程性。其中，一级指标包括碳排放量、空间布局、绿色建筑、交通系统、能源系统、水资源利用、固体废弃物处理、环境绿化美化、运营管理、低碳生活。这些一级指标涵盖社区建设和运营的方方面面，从能源、交通到环境和社区居民的参与，全面推动社区向低碳、环保、可持续的目标迈进。与此同时，每类一级指标下又包括多个具体的二级指标，更为详细地描绘了社区低碳发展的各个层面。

智慧低碳社区指标体系提供了科学、全面的评估工具，帮助社区准确了解碳排放水平、能源利用效率以及可持续性状况。通过收集、分析和监测相关数据，社区能够全面了解自身在环境可持续性方面的表现，为未来的规划和决策提供科学依据。这种全面性的评估有助于发现社区存在的问题和挑战，引导社区在关键领域采取有针对性的措施。

智慧低碳社区指标体系在推动技术创新和应用方面发挥着重要作用。为了达到智慧低碳社区的目标，社区需要不断采用先进的、环保的技术和方法。指标体系的设定促使社区在建设和运营过程中引入创新技术，提高能源利用效率，减少对传统能源的依赖，推动可再生能源的利用等。

智慧低碳社区指标体系有助于提高社区居民的环保意识和参与度。社区居民的理解和积极参与是智慧低碳社区建设的关键，居民的生活方式和消费习惯直接关系到社区的碳排放水平。低碳社区指标体系通过评估社区居民的环保认知和参与程度，可以促使社区在宣传、教育方面下更多的功夫，以培养居民的低碳生活方式。

智慧低碳社区指标体系的建立为我国城市的可持续发展提供了科学的评估工具，有望在未来推动更多社区向着绿色低碳的目标迈进。

## 2.4.4 技术支撑体系

低碳技术是为了减少温室气体排放、提高能源效率和推动可持续发展而发展的一系列技术。低碳技术的发展和应用为智慧低碳社区的建设提供了强有力的保障。

### 1. 绿色建筑技术

绿色建筑技术在智慧低碳社区建设中十分重要，是推动社区可持续发展的核心组成部分。我国在这一领域进行了全面而深刻的创新,例如建筑材料、设计理念以及施工工艺等方面,致力于提高建筑的环保性和能效性。

首先,在建筑材料方面,我国积极研发和采用高效隔热材料、节能玻璃、新型保温技术等先进材料,以减少建筑的能耗。高效隔热材料能有效隔离外部温度,减缓热传导,降低冷暖气的使用频率;节能玻璃具有良好的隔热性能,有助于维持室内舒适温度;新型保温技术则能够在保持建筑温暖的同时减少热量散失。这些材料的应用使得建筑更加能效,为智慧低碳社区的能源消耗提供了实质性的改善。

其次,在设计理念方面,传统的设计理念注重建筑美观与实用,而绿色建筑强调在不影响功能的前提下最大限度地减少对环境的影响。因此,我国推出了更加注重生态平衡和资源循环利用的设计理念。例如,采用自然通风、采光设计,最大限度地减少人工能耗;引入可再生能源系统,如太阳能和风能,以降低对传统能源的依赖。这种设计理念的转变有助于建筑更好地融入自然环境,实现与周边生态的和谐共生。

另外,在施工工艺方面采用现代化的建筑技术和工艺,不仅提高了施工效率,还有助于减少资源浪费。建筑垃圾的减少、施工过程的精细化管理,都是为了降低对环境的负担。此外,我国还倡导绿色施工标准,强调在建筑过程中要减少对生态环境的破坏,进一步推动了绿色建筑的发展。

同时,引入绿色屋顶和立体绿化等手段是改善社区生态环境的有效途径。绿色屋顶可以降低建筑的能耗,提高隔热效果,并在社区中增加绿地面积。立体绿化则通过在建筑立面或城市空地上增设植物,既美化城市环境,又为社区提供额外的氧气,改善了空气质量。这些手段的引入有助于降低热岛效应,为智慧低碳社区的可持续发展提供实质性的支持。

## 2. 能源系统

在社区能源系统中,分布式能源发电是一项重要的发展方向。相比于传统的集中式发电系统,分布式能源发电将发电设备分布在社区内的各个地点,提高能源生产的灵活性和可靠性。太阳能光伏板和风力涡轮机等分布式能源设备能够更灵活地适应社区的能源需求,并减少能源在输送过程中的损失。这种能源生产方式有助于提高社区的能源自给自足能力,减轻对传统电网的负担。

同时,能源储存技术的发展也是智慧低碳社区建设中不可或缺的一环。可再生能源的不稳定性和间歇性是其发展面临的挑战之一。能源储存技术通过将多余的电能储存起来,在需要时释放,弥补了可再生能源的波动性问题。目前,电池技术是主流的能源储存方式之一,在太阳能或风能充足时可以通过电池系统进行储能,并在不足时释放。这种能源储存技术的应用提高了社区能源系统的可靠性和稳定性。

另一方面,智能化电网系统也是实现能源高效利用的关键。智能化电网通过引入先进的传感器、监控系统和 AI 技术，能够更精准地监测和管理能源流动。这使得电网能够更好地适应可再生能源的波动性，提高能源利用效率。此外，智能化电网系统还支持电动汽车的充电基础设施，为低碳出行提供了便利条件。电动汽车的充电基础设施的建设与电网的智能化相互配合，为社区居民提供了更加可持续的交通解决方案。

### 3. 智慧化技术

在智慧低碳社区中，智慧化技术为社区的管理和居民的生活提供了极大的便利。智能化建筑管理系统在建筑能源管理方面，通过实时监测建筑内各项用能情况，智能传感器和自动化系统可以根据不同时间段和需求调控照明、空调、供暖等设备，实现用能的优化分配。这种精细化的能源控制不仅降低了能源浪费，还有效提高了建筑的能源利用效率。智慧化建筑管理系统还能及时检测设备故障，提前预警维护需求，确保建筑设备的正常运行。在社区管理方面，智慧化系统的应用使得社区运营更加智能和高效。例如，垃圾分类可以通过智能垃圾桶和识别技术实现自动分类，提高垃圾处理的精准度和效率。交通管理可以通过智能交通灯、智能停车系统等实现交通流畅，减少拥堵和排放。公共设施的维护也可以通过传感器监测设备状态，提前发现问题并进行及时修复，确保社区设施的可靠性和持续性运行。

此外，智慧低碳社区建设还强调信息通信技术的广泛应用。通过互联网和物联网技术，社区内的各种设备和系统能够实现互联互通，形成一个紧密协作的智慧网络。居民可以通过智能手机或其他终端设备实现对家居设备、能源使用情况等的实时监测和远程控制。这种便捷的智能化生活方式不仅提高了生活品质，还能够帮助居民更好地管理和节约能源。

## 2.5  小    结

智慧低碳社区建设成为国际社会关注的重要议题，各国纷纷投入力量推动这一方向的发展。英国在这一领域走在前列，率先提出并实施了"低碳经济"理念。通过积极推动可再生能源利用、提高能源效率以及采用环保技术等措施，英国成功打造了一系列低碳社区，为其他国家提供了宝贵的经验和启示。德国、瑞典、丹麦等国也在低碳社区建设方面取得了显著的成果。德国通过鼓励社区自主采用清洁能源、发展绿色出行等途径，有效降低碳排放。瑞典和丹麦则在城市规划中注重生态平衡，推动居民使用可再生能源，实现了社区的可持续发展。

这些国家的成功经验为我国智慧低碳社区建设提供了重要的借鉴。我国可以学习英国在政策制定和执行方面的经验，着力推动可再生能源利用和提高能源利用效率。同时，借鉴德国、瑞典、丹麦等国在社区规划和社区管理上的成功经验，注重生态环境的保护，鼓励居民参与低碳生活，从而实现智慧低碳社区的可持续发展。同时引入更多智慧技术，例如智慧交通系统、智慧能源管理系统，大数据技术，提升社区管理水平，提高居民生活质量。

智慧低碳社区的建设与发展不仅是为了应对气候变化，也是为了增强人民群众对低碳事业的认识。通过智慧低碳社区的建设，可以培养居民的低碳生活理念和生活方式，提高社会治理水平，实现社会和谐发展。在思考未来的智慧低碳社区建设中，不仅要注重科技创新和政策制定，更要关注公众参与和社会共识的形成，共同推动我国走向更加可持续的未来。

# 习　　题

1．什么是碳达峰和碳中和？为什么各国政府迫切需要采取措施来实现这些目标？

2．低碳社区规划理念是在怎样的背景下出现的？它的目的是什么？

3．欧洲的低碳社区具有哪些发展特色？请举例说明。

4．为什么说欧洲低碳社区的发展经验对世界其他国家具有借鉴意义？

5．未来我国智慧低碳社区有哪些发展趋势？它们与欧洲的低碳社区有何异同之处？

6．低碳社区建设的支撑体系包括哪些方面？它们在智慧低碳社区建设中的作用是什么？

7．请简要叙述我国智慧低碳社区建设中最大的挑战并说明理由。

8．低碳社区建设对环境保护和可持续发展有哪些重要意义？请说明理由。

9．除了政府，其他社会组织和个人在低碳社区建设中可以扮演怎样的角色？请举例说明。

10．在实现碳中和的过程中，社区居民应该承担怎样的责任？

# 参 考 文 献

[1] 田雪. 碳循环视角下城市社区低碳化建设研究[J]. 智能建筑与智慧城市，2023（03）：11-13.

[2] Jiang X J，Guo Z J. Foreign Low Carbon Community Planning Comparative Analysis[J]. Advanced Materials Research，2011：233-235，1897-1900.

[3] 尹利欣，张铭远. 国外生态社区营造策略解析——以德国弗莱堡沃邦社区、丹麦太阳风社区为例[J]. 城市住宅，2020，27（5）：24-26.

[4] 王淑佳，唐淑慧，孔伟. 国外低碳社区建设经验及对中国的启示——以英国贝丁顿社区为例[J]. 河北北方学院学报（社会科学版），2014，30（3）：57-63.

[5] 陈一欣，曾辉. 我国低碳社区发展历史、特点与未来工作重点[J]. 生态学杂志，2023，42（8）：2003-2009.

# 第 3 章　智慧低碳社区碳减排量核算方法学

在低碳社区建设中，碳减排量的核算是实现可持续发展目标的基础。本章重点介绍碳减排量核算方法的重要性，强调其在制定碳减排策略、评估效果和指导未来发展方向中的关键作用。本章首先介绍不同社区类型的概念和特点，然后根据不同社区的特点构建相应的碳减排量核算方法，最后通过深入探讨以上内容，旨在为读者提供全面的视角，使其能够更深刻地理解智慧低碳社区建设的紧迫性、核算方法的重要性，以及不同类型社区碳减排的方法学。这些知识将为实际碳减排工作提供有力的指导和支持，从而帮助读者更好地理解如何选择和应用合适的核算工具。

## 3.1　智慧低碳社区碳减排量核算方法学的基本概况

在探讨智慧低碳社区碳减排量核算方法学前，首先审视碳减排量核算的基本原则。随后，分类讨论不同社区类型中碳减排的特点和难点。最后，深入介绍智慧低碳社区碳减排量的核算步骤，通过图示呈现系统的核算过程。这一系列内容将为深刻理解和应用智慧低碳社区碳减排的方法学提供理论和实践支持。

### 3.1.1　核算原则

在进行碳减排量核算时，遵循一系列重要原则至关重要，这些原则构成了一个坚实的框架，确保了碳减排量的核算过程具有高度的可信度和实用性。碳减排量核算应遵循相关性、完整性、一致性、准确性、透明性和保守性原则，如图 3-1 所示。

相关性原则强调了核算过程与社区实际情况的密切关联。核算数据和方法应当与社区的碳减排活动紧密相关，以确保核

图 3-1　碳减排量核算原则

算的实用性和指导性。相关性的考虑可以帮助社区更有针对性地制定碳减排策略，以及推动实质性的环保行动。

完整性原则要求在核算中包含所有相关的碳减排数据和因素。遗漏任何一个重要因素都可能导致核算不准确和片面。通过全面考虑各方面的碳减排活动，可以确保核算的全面性和客观性。

一致性原则强调了核算过程中各项数据和方法的协调一致。在采用不同的测算方法或数据源时应保持一致性，以确保核算结果的可比性和可信度。一致性有助于消除可能的误差和提高数据的可靠性。

准确性原则是核算不可或缺的一环。通过使用准确的数据和科学的方法，可以保证核算结果的准确性和可信度。准确的核算数据对社区决策者制定有效的碳减排策略至关重要。

透明性原则要求核算过程和数据应对社区居民和利益相关方开放透明。通过公开核算方法和数据，社区居民能够更好地理解碳减排工作，并提出建议和反馈。透明性有助于建立社区居民对碳减排工作的信任感。

保守性原则强调在不确定性情况下采取保守的估算方法，尽量使相关数据的取值趋向于碳减排量更少。这有助于避免过于乐观的估算结果，确保核算结果在不确定性条件下依然具备可靠性。

通过遵循这些原则，碳减排量核算不仅能够更好地反映社区的实际情况，还能够为智慧低碳社区建设提供可靠的指导和支持。

## 3.1.2　社区分类

我国低碳社区建设还处于起步阶段，低碳社区的发展是一个不断多样化的过程，不管是在形式上还是内容上，低碳社区建设还没有成型，也没有固定样板，不同的低碳社区有可能存在不一致的特征。因此，目前在逻辑上不能以建设结果作为社区分类的根据，但从我国行政管理的现实出发，启动低碳社区建设工作需要依据各地区的特殊情况，很多政策最后要通过社区这个基层单位去执行，所以，我国的低碳社区主要根据地域特征进行分类。这种分类并不意味着低碳社区建设要参照这样的分类标准。

根据低碳社区建设的起始条件可以将低碳社区划分为由既有社区改造而来的低碳社区和新建造的低碳社区。根据低碳社区建设的起始条件划分低碳社区可以从不同角度认识低碳社区存在的低碳改良条件，明确对低碳社区低碳改良的工作重心，从而提高工作效率。

由既有社区改造成的低碳社区，因为既有社区的地址、规划及建筑朝向等可能的变动幅度不大，对这些客观因素方面的低碳改造是有限的，只能通过更换一些公共设施或服务完成改造。居民在传统社区中生活，已经形成了一整套生活习惯，在传统社区改造成低碳社区的过程中，除了对公共设备等进行低碳改造外，还需要克服居民对已形成的高碳消费习惯的依赖。因此由既有社区改造成的低碳社区的低碳改良工作侧重点在人文因素。

在新建造的低碳社区中，与低碳相关的基础设施较为完善，为居民养成低碳生活习惯、探索低碳生活方式提供了良好条件。新建造的低碳社区在社区选址、建筑设计、公共设施、公共服务等方面都充分考虑低碳的因素，在此基础上，社区的低碳改良工作重心在于弱化社区居民固有的高碳消费理念，促进居民形成与新建低碳社区相适应的低碳生活习惯。

在具体的工作实施中，要综合利用各种条件对低碳社区进行分类。国家发展改革委在印发的《低碳社区试点建设指南》中强调了分类实施的具体方法。综合考虑城乡社区开发建设的成熟度、生活方式特点和低碳建设的重点内容等因素，低碳社区可划分为城市新建社区、城市既有社区、农村社区三大类。

### 1. 城市新建社区

城市新建社区是指规划建设用地 50%以上未开发或正在开发的城市新开发社区。城市新建社区试点应按高标准做好源头控制，以低碳规划为统领，在社区建设、运营、管理全过程和居民生活等方面践行低碳理念。整体拆迁的旧城改造、棚户区改造、城中村改造项目可按城市新建社区开展试点。

尚未建立街道办事处、居民委员会等社区管理机构的城市新建社区，由新区管委会或投资开发主体负责创建，调动多方主体共同参与，构建政府管理机构、开发企业、社会组织多维组合的建设模式。政府规划建设，相关部门应加强协作，采取联席会、一站式审批等多种方式，强化新建社区的统一规划和滚动开发建设。鼓励探索由专业化大型物业管理集团对低碳社区统一运营管理的新模式。

### 2. 城市既有社区

城市既有社区是指已基本完成开发建设、基本形成社区功能分区、具有较为完备的基础设施和管理服务体系的成熟城市社区。城市既有社区试点建设要以控制和削减碳排放总量为目标，以低碳理念为指导，对社区建筑、基础设施进行低碳化改造，完善社区低碳管理和运营模式，推广低碳生活方式。街道办事处、居民委员会作为试点创建主体，应根据社区空间特征、设施状况、管理方式、居民构成等基本情况，制定符合本社区实际情况、具有特色的试点实施方案，鼓励通过政府购买服务和市场化运作相结合，引入社会资本，加快推广合同能源管理、公私合作、特许经营等新型市场化运营方式，探索政府引导、市场主导和多主体推进等不同建设运营模式，鼓励联合社区内企业和社会单位共同创建。

### 3. 农村社区

农村社区是指未纳入城区规划范围的行政建制村域。农村社区试点建设要紧扣改善农村人居环境的目标，根据本地资源、气候特点，科学规划村域建设，加强绿色农房和低碳基础设施建设，推进低碳农业发展和产业优化升级，推广符合农村特点的低碳生活方式。乡镇政府、村民委员会作为试点创建主体应根据本地发展环境、建设基础、产业特色、文化特征、气候特点等实际情况，创新农村低碳社区试点建设模式，积极探索由乡镇政府主导，村镇集体企业、第三方开发主体、社会机构等多方力量共同参与的农村低碳社区建设运营模式。

### 3.1.3　核算步骤

在实施智慧低碳社区建设过程中，碳减排量的核算步骤至关重要，这不仅有助于监测和评估碳减排工作的效果，还为未来的社区发展提供了科学依据。

针对不同类型社区需要明确碳减排范围和目标，通过设置基准情景和低碳情景支持实现针对性碳减排策略。其中，基准情景是指用来将社区不同时期的碳排放及其他相关信息进行参照比较的特定历史情景或者设计情景，包括核算时段和核算范围等；低碳情景是指智慧低碳社区建成后正常运营管理的情景或者智慧低碳社区建设时的规划情景，包括核算时段和核算范围等。

详细的核算步骤见图 3-2。

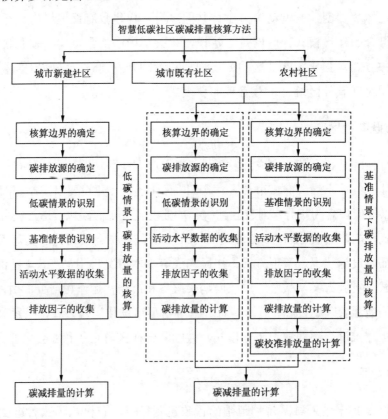

图 3-2　智慧低碳社区碳减排量核算步骤

# 3.2 城市新建社区碳减排量核算方法学

城市新建社区碳减排量核算的关键是确定核算边界和明确城市新建社区碳排放源，通过识别低碳情景和基准情景，以此核算新建社区的碳减排量；并且为保证核算数据的准确性，对活动水平数据和排放因子的收集提出了较高的要求。

## 3.2.1 核算边界的确定

对于城市新建社区而言，为保证深入了解城市新建社区的碳排放来源和分布，通常以该社区的地理边界作为碳减排量的核算边界。在城市新建社区的特定地理范围内，精确捕捉与碳排放相关的关键活动，包括但不限于能源使用、交通运输、废物处理等。使用地理边界作为核算边界，使得核算结果更具局部针对性和实际操作性，为社区制定有针对性的碳减排策略提供了基础，见图 3-3。

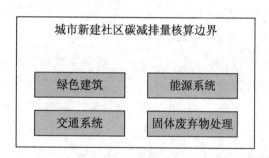

图 3-3 城市新建社区碳减排量核算边界

## 3.2.2 碳排放源的确定

城市新建社区内的碳排放源涵盖社区内与居民的日常生活和工作密切相关的多个方面，具体包括绿色建筑、能源系统、交通系统以及固体废弃物处理等要素。首先，社区内的绿色建筑作为重要组成部分，其碳排放源主要涉及建筑材料的生产、建设阶段的能耗。其次，社区内的能源系统是碳排放的重要来源之一，包括能源的生产、分配和使用等。同时，交通系统作为社区内不可或缺的一环，其碳排放源主要涵盖居民和工作人员的交通工具使用。最后，固体废弃物处理作为社区内的碳排放源之一，主要涉及废弃物的产生、收集、处理和处置等环节。

其中，社区内生产活动引起的碳排放不予考虑，如工业生产等。若社区内房屋建筑包含生产活动，原则上只考虑生活用能引起的碳排放；在无法区分生产用能和生活用能的情况下，核算时应确保低碳情景和基准情景的核算内容保持一致。

## 3.2.3　低碳情景的识别

低碳社区建设时，绿色建筑、能源系统、交通系统以及固体废弃物处理等方面的规划建设情景为城市新建社区的低碳情景，核算所需的活动水平数据应选取一个周期年的数据。

## 3.2.4　基准情景的识别

未建设低碳社区时，绿色建筑、能源系统、交通系统以及固体废弃物处理等方面在当地的设计标准法规要求为城市新建社区的基准情景，核算所需的活动水平数据应选取一个周期年的数据，并与低碳情景保持对应关系。

## 3.2.5　碳减排量的计算

城市新建社区碳减排量 $ER_{new}$ 为绿色建筑、能源系统、交通系统和固体废弃物处理4个部分的碳减排量之和，如式（3-1）所示。

$$ER_{new} = ER_{gb} + ER_{energy} + ER_t + ER_{wt} \tag{3-1}$$

式中：

$ER_{new}$——城市新建社区碳减排量，单位为吨二氧化碳（$tCO_2$）；

$ER_{gb}$——低碳情景下绿色建筑产生的碳减排量，单位为吨二氧化碳（$tCO_2$）；

$ER_{energy}$——社区内可再生能源替代而产生的碳减排量，单位为吨二氧化碳（$tCO_2$）；

$ER_t$——交通系统产生的碳减排量，单位为吨二氧化碳（$tCO_2$）；

$ER_{wt}$——相比于传统的生活垃圾全部委外处理方式，部分生活垃圾在社区内资源化和就地化处理减少在运输过程中产生的碳减排量，单位为吨二氧化碳（$tCO_2$）。

### 1. 绿色建筑碳减排量

绿色建筑产生的碳减排量按式（3-2）计算。

$$ER_{gb} = \sum \left( AD_{B,i} - AD_{L,i} \right) \times S_i \times EF \tag{3-2}$$

式中：

$ER_{gb}$——相比于当地单位建筑面积能耗的设计标准值，绿色建筑由于其较低的单位建筑面积能耗规划设计值产生的碳减排量，单位为吨二氧化碳（$tCO_2$）；

$AD_{B,i}$——基准情景下第 $i$ 类建筑在当地的单位建筑面积能耗的设计标准值，单位为吨标准煤/平方米·年（tce/（$m^2$·a））;

$AD_{L,i}$——低碳情景下第 $i$ 类建筑的单位建筑面积能耗的规划设计值，单位为吨标准煤/平方米·年（tce/（$m^2$·a））;

$S_i$——第 $i$ 类建筑的建筑面积，单位为平方米（$m^2$）;

$i$——建筑的类型，包括住宅建筑和公共建筑;

EF——碳排放因子，单位为吨二氧化碳/吨（$tCO_2$/t）。

## 2．能源系统碳减排量

城市新建社区只考虑社区内可再生能源替代传统的集中供电或供热而产生的碳减排量，按式（3-3）计算。

$$ER_{energy} = \Delta AD_e \times EF_e + \Delta AD_h \times EF_h \tag{3-3}$$

式中：

$ER_{energy}$——社区内可再生能源替代而产生的碳减排量，单位为吨二氧化碳（$tCO_2$）;

$\Delta AD_e$——低碳情景下社区内可再生能源的规划发电量，单位为兆瓦时（MW·h）;

$EF_e$——电力的碳排放因子，单位为吨二氧化碳/兆瓦时（$tCO_2$/MW·h）;

$\Delta AD_h$——低碳情景下社区内可再生能源的规划供热量，单位为吉焦（GJ）;

$EF_h$——热力的碳排放因子，单位为吨二氧化碳/吉焦（$tCO_2$/GJ）。

## 3．交通系统碳减排量

交通系统产生的碳减排量按式（3-4）计算。

$$ER_t = \sum T \times \left( OP_{tm,B} - OP_{tm,L} \right) \times S_m \times EF_{tm} \tag{3-4}$$

式中：

$ER_t$——低碳情景下交通系统产生的碳减排量，单位为吨二氧化碳（$tCO_2$）;

$T$——低碳情景下社区规划的常住人口数量，单位为人（p）;

$OP_{tm,B}$——基准情景下社区内第 $m$ 类交通工具的平均出行比例，单位为百分比（%）;

$OP_{tm,L}$——低碳情景下社区内第 $m$ 类交通工具的规划出行比例，单位为百分比（%）;

$S_m$——第 $m$ 类交通工具的平均出行半径，单位为千米（km）;

$EF_{tm}$——第 $m$ 类交通工具的碳排放因子，单位为吨二氧化碳/人·千米（$tCO_2$/p·km）;

$m$——交通工具类型。

## 4．固体废弃物处理碳减排量

只考虑由于部分固体废弃物在社区内资源利用和就地化等处理方式，相比于传统的固废全部委外处理而引起的运输排放的减少量，其碳减排量按式（3-5）计算。

$$ER_{wt} = (MSW_B - MSW_L) \times s \times EF_{wt} \tag{3-5}$$

式中：

$ER_{wt}$——相比于传统的生活垃圾全部委外处理方式，部分生活垃圾在社区内资源化和就地化处理减少在运输过程中产生的碳减排量，单位为吨二氧化碳（$tCO_2$）；

$MSW_B$——基准情景下社区内生活垃圾产生量，单位为吨（t）；

$MSW_L$——低碳情景下生活垃圾在社区内资源化和就地化的处理量，单位为吨（t）；

$s$——生活垃圾的运输距离，单位为千米（km）；

$EF_{wt}$——生活垃圾的运输排放因子，单位为吨二氧化碳/吨·千米（$tCO_2/(t \cdot km)$）。

## 3.2.6 活动水平数据的收集

### 1. 绿色建筑活动水平数据

为保证数据收集的准确性，基准情景下第 $i$ 类建筑在当地的单位建筑面积能耗的设计标准值 $AD_{B,i}$、低碳情景下第 $i$ 类建筑的单位建筑面积能耗的规划设计值 $AD_{L,i}$ 以及第 $i$ 类建筑的建筑面积 $S_i$ 可通过以下优先顺序获取。

❏ 低碳社区的建设实施方案。

❏ 当地能源部门或建设部门发布的权威数据。

### 2. 能源系统活动水平数据

同样，低碳情景下社区内可再生能源的规划发电量 $\Delta AD_e$ 以及低碳情景下社区内可再生能源的规划供热量 $\Delta AD_h$ 可通过以下优先顺序获取。

❏ 低碳社区的建设实施方案。

❏ 当地能源部门或建设部门发布的权威数据。

### 3. 交通系统活动水平数据

交通系统核算所需的活动水平数据包括：低碳情景下社区规划的常住人口数量 $T$、基准情景下社区内第 $m$ 类交通工具的平均出行比例 $OP_{tm,B}$、低碳情景下社区内第 $m$ 类交通工具的规划出行比例 $OP_{tm,L}$、第 $m$ 类交通工具的平均出行半径 $S_m$ 以及交通工具的类型 $m$，其来源包括：

❏ 通过社区的建设实施方案等材料获取社区规划的常住人口数量。

❏ 对社区内的居民住户和商业住户等进行抽样调研，获取私家车、摩托车和机构用车等交通工具的类型及其出行比例，以及交通工具的平均出行距离（如私家车从社区到办公室的距离等）。

**4．固体废弃物处理活动水平数据**

固体废弃物处理核算所需的活动水平数据包括：基准情景下社区内生活垃圾产生量 $MSW_B$、低碳情景下生活垃圾在社区内资源化和就地化的处理量 $MSW_L$ 以及生活垃圾的运输距离 $s$，其来源包括：

❑ 通过社区的建设实施方案等材料获取社区内生活垃圾预计的产生量、在社区内资源化和就地化的生活垃圾处理量。

❑ 通过社区居委会、街道办事处或物业确定垃圾处理场的位置，或者根据社区的建设实施方案等材料确定运输至垃圾处理场的距离。

## 3.2.7　排放因子的收集

**1．绿色建筑排放因子**

碳排放因子 EF 可通过以下优先顺序获取：

❑ 查询地方统计局年鉴或建筑部门和能源部门发布的权威报告，获取当地的碳排放因子。

❑ 如当地数据无法获得，碳排放因子可参考附录 B 中表 B-1 所示的默认值。

**2．能源系统排放因子**

电力的碳排放因子 $EF_e$ 以及热力的碳排放因子 $EF_h$ 可通过以下方式获取：

❑ 查询地方统计局年鉴，获取当地电力、热力的排放因子。

❑ 如当地数据无法获得，电力排放因子应根据社区所在地及目前的东北、华北、华东、华中、西北、南方电网划分，选用国家主管部门最近年份公布的相应区域电网排放因子；供热排放因子暂按 0.11 $tCO_2/GJ$ 计，并根据政府主管部门发布的官方数据保持更新。参考值如附录 B 中表 B-2 所示。

**3．交通系统排放因子**

交通工具的排放因子 $EF_{tm}$ 可通过以下方式获取：

❑ 关于当地的研究报告或文献记录。

❑ 如无法获得相关数据，采用附录 B 中表 B-3 所示的参考值。

**4．固体废弃物处理排放因子**

固体废弃物处理的排放因子，即生活垃圾的运输排放因子 $EF_{wt}$ 可通过以下优先顺序获取：

- ❑ 查询社区所在区县的实测数据；若无，则查询上一级行政区划的相应数据。
- ❑ 如上述数据无法获得，采用参考值 $3.5052 \times 10^{-4}$ tCO$_2$/（t · km）。

# 3.3 城市既有社区碳减排量核算方法学

与城市新建社区碳减排量核算不同，城市既有社区的碳减排依靠的是对已有社区建筑、基础设施等的低碳化改造和低碳化运营管理升级。在其核算边界内，对社区碳排放核算内容更加全面，不仅包括社区内的直接碳排放，还包含房屋建筑及其配套设施消耗的外部电力、热力等间接碳排放。

## 3.3.1 核算边界的确定

社区内活动引起的能源活动以及废弃物处理产生的直接碳排放和间接碳排放均应作为核算对象，如表 3-1 所示。其中，社区内生产活动引起的碳排放不予考虑，如工业生产等。

表 3-1 城市既有社区碳减排量核算内容

| 部　门 | | 直接碳排放 | 间接碳排放 |
|---|---|---|---|
| 能源活动 | 建筑 | 社区内的房屋建筑及其配套设施消耗的煤、气、油等化石燃料的燃烧排放 | 社区内的房屋建筑及其配套设施消耗的外部电力、热力等隐含的排放 |
| | 交通 | 交通工具产生的排放 | |
| 废弃物处理 | | 生活垃圾在社区内处理产生的排放 | 生活垃圾和生活污水委外处理产生的排放以及生活垃圾运输至处理场产生的排放 |

注：若社区内建筑包含生产活动，原则上只考虑生活用能引起的碳排放。在无法区分生产用能和生活用能的情况下，核算时应确保低碳情景和基准情景的核算内容一致。

## 3.3.2 碳排放源的确定

城市既有社区的碳排放源如表 3-2 所示。其中能源活动包含建筑及其配套设施消耗的煤、气、油等化石燃料以及电力和热力、所有权属于社区的私家车和机构用车等交通工具以及所有权属于社区外的公共汽车和出租车等交通工具；废弃物处理包含生活垃圾和生活污水在社区内和委外处理及其运输过程。

表 3-2 城市既有社区碳排放源及其排放的温室气体

| 部 门 | | | CO$_2$ | CH$_4$ | N$_2$O |
|---|---|---|---|---|---|
| 能源活动 | 建筑 | 化石燃料 无烟煤 | ✓ | | |
| | | 烟煤 | | | |
| | | 其他洗煤 | | | |
| | | 型煤 | | | |
| | | 焦炭 | | | |
| | | 燃料油 | | | |
| | | 汽油 | | | |
| | | 柴油 | | | |
| | | 一般煤油 | | | |
| | | 液化石油气 | | | |
| | | 天然气 | | | |
| | | 炼厂干气 | | | |
| | | 焦炉煤气 | | | |
| | | 消耗的外部电力 | | | |
| | | 消耗的外部热力 | | | |
| | 交通 | 小型乘用车（≤1.4L） | ✓ | | |
| | | 中型乘用车（1.4～2.0L） | | | |
| | | 大型乘用车（＞2.0L） | | | |
| | | 摩托车 | | | |
| | | 常规公共汽车 | | | |
| | | 地铁 | | | |
| | | 无轨电车 | | | |
| | | 轻型客车 | | | |
| | | 其他交通工具 | | | |
| 废弃物处理 | | 生活垃圾处理 | ✓ | ✓ | ✓ |
| | | 生活垃圾运输 | | | |
| | | 生活污水处理 | | | |

## 3.3.3 低碳情景下碳排放量的核算

### 1. 低碳情景的识别

低碳社区建设后正常运营管理的状态为城市既有社区的低碳情景。

该情景下碳排放量核算所需的活动水平数据和排放因子应选取社区正常运营一个周期年的数据。当逐月确定碳排放量时，低碳情景与基准情景的月份应完全对应。

**2．碳排放量的计算**

城市既有社区低碳情景下的碳排放量 $E_{L,\text{exist}}$ 为以下各部门碳排放量之和。

1）建筑碳排放量

（1）直接碳排放

化石燃料燃烧产生的直接碳排放量按式（3-6）计算。

$$E_{\text{Lb,de}} = \sum \left( \text{AD}_i \times \text{EF}_i \right) \tag{3-6}$$

式中：

$E_{\text{Lb,de}}$——低碳情景下建筑部门化石燃料燃烧产生的直接碳排放量，单位为吨二氧化碳（$tCO_2$）；

$\text{AD}_i$——第 $i$ 种燃料的活动水平数据，单位为万亿焦耳（TJ）；

$\text{EF}_i$——第 $i$ 种燃料的排放因子，单位为吨二氧化碳/万亿焦耳（$tCO_2/TJ$）；

$i$——化石燃料的类型。

（2）间接碳排放

消费的外部电力、热力产生的间接碳排放量按式（3-7）计算。

$$E_{\text{Lb,ie}} = \text{AD}_e \times \text{EF}_e + \text{AD}_h \times \text{EF}_h \tag{3-7}$$

式中：

$E_{\text{Lb,ie}}$——低碳情景下消费的外部电力、热力产生的间接碳排放量，单位为吨二氧化碳（$tCO_2$）；

$\text{AD}_e$——消费的外部电力的值，单位为兆瓦时（MW·h）；

$\text{EF}_e$——电力的碳排放因子，单位为吨二氧化碳/兆瓦时（$tCO_2$/（MW·h））；

$\text{AD}_h$——消费的外部热力的值，单位为吉焦（GJ）；

$\text{EF}_h$——热力的碳排放因子，单位为吨二氧化碳/吉焦（$tCO_2/GJ$）。

2）交通碳排放量

交通工具产生的直接碳排放量按式（3-8）计算。

$$E_{\text{Lt,de}} = \sum \left( T_L \times \text{OP}_{tm} \times S_m \times \text{EF}_{tm} \right) \tag{3-8}$$

式中：

$E_{\text{Lt,de}}$——低碳情景下交通工具产生的碳排放量，单位为吨二氧化碳（$tCO_2$）；

$T_L$——低碳情景下社区常住人口总数，单位为人（p）；

$\text{OP}_{tm}$——第 $m$ 类交通工具的出行比例，单位为百分比（%）；

$S_m$——第 $m$ 类交通工具的平均出行半径，单位为千米（km）；

$\text{EF}_{tm}$——第 $m$ 类交通工具的碳排放因子，单位为吨二氧化碳/人·千米（$tCO_2$/（p·km））；

$m$——交通工具的类型。

3）废弃物处理碳排放量

（1）直接碳排放

生活垃圾在社区内填埋处理产生的 $CH_4$ 引起的直接碳排放量按式（3-9）计算。

$$E_{Lwl,de} = (MSW \times L_0 - R) \times (1 - OX) \times GWP_{CH_4} \tag{3-9}$$

式中：

$E_{Lwl,de}$——低碳情景下生活垃圾在社区内填埋处理产生的直接碳排放量，单位为吨二氧化碳（$tCO_2$）；

MSW——生活垃圾处理量，单位为吨（t）；

$L_0$——垃圾填埋场的 $CH_4$ 产生潜力，单位为吨甲烷/吨（$tCH_4/t$）；

R——$CH_4$ 回收量，单位为吨甲烷（$tCH_4$）；

OX——氧化因子，单位为百分比（%）；

$GWP_{CH_4}$——$CH_4$ 的全球温升潜势值，单位为吨二氧化碳/吨甲烷（$tCO_2/tCH_4$）。

其中，$CH_4$ 产生潜力 $L_0$ 按式（3-10）计算。

$$L_0 = MCF_{wl} \times DOC \times DOC_F \times F \times 16/12 \tag{3-10}$$

式中：

$MCF_{wl}$——垃圾填埋场的 $CH_4$ 修正因子，单位为百分比（%）；

DOC——可降解有机碳，单位为吨碳/吨（tC/t）；

$DOC_F$——可降解的 DOC 比例，单位为百分比（%）；

F——垃圾填埋气体中的 $CH_4$ 比例，单位为百分比（%）；

16/12——$CH_4$ 换成碳的换算系数，单位为吨甲烷/吨碳（$tCH_4/tC$）。

生活垃圾在社区内焚烧处理产生的直接碳排放量按式（3-11）计算。

$$E_{Lwi,de} = MSW \times CCW \times FCF \times EF_{wi} \times 44/12 \tag{3-11}$$

式中：

$E_{Lwi,de}$——低碳情景下生活垃圾在社区内焚烧处理产生的直接碳排放量，单位为吨二氧化碳（$tCO_2$）；

MSW——生活垃圾处理量，单位为吨（t）；

CCW——生活垃圾中含碳量比例，单位为百分比（%）；

FCF——生活垃圾中矿物碳占碳总量的比例，单位为百分比（%）；

$EF_{wi}$——废弃物焚烧炉的燃烧效率，单位为百分比（%）；

44/12——二氧化碳转换成碳的换算系数，单位为吨二氧化碳/吨碳（$tCO_2/tC$）。

（2）间接碳排放

生活垃圾委外填埋处理产生的 $CH_4$ 引起的间接碳排放量按式（3-12）计算。

$$E_{Lwl,ie} = (MSW \times L_0 - R) \times (1 - OX) \times GWP_{CH_4} \tag{3-12}$$

式中：

$E_{Lwl,ie}$——低碳情景下生活垃圾委外填埋处理产生的间接碳排放量，单位为吨二氧化碳（$tCO_2$）。

生活垃圾委外焚烧处理产生的间接碳排放量按式（3-13）计算。

$$E_{Lwi,ie} = MSW \times CCW \times FCF \times EF_{wi} \times 44/12 \qquad (3-13)$$

式中：

$E_{Lwi,ie}$——低碳情景下生活垃圾委外焚烧处理产生的间接碳排放量，单位为吨二氧化碳（$tCO_2$）。

生活垃圾委外处理运输至垃圾处理场产生的间接碳排放量按式（3-14）计算。

$$E_{Lw,t,ie} = MSW \times s \times EF_{wt} \qquad (3-14)$$

式中：

$E_{Lw,t,ie}$——低碳情景下生活垃圾委外处理运输至垃圾处理场产生的间接排放量，单位为吨二氧化碳（$tCO_2$）；

$s$——生活垃圾的运输距离，单位为千米（km）；

$EF_{wt}$——生活垃圾的运输排放因子，单位为吨二氧化碳/吨·千米（$tCO_2/t \cdot km$）。

生活污水委外处理产生的 $CH_4$ 引起的间接碳排放量按式（3-15）计算。

$$E_{Lww,CH_4,ie} = (TOW \times EF_{ww} - R) \times GWP_{CH_4} \qquad (3-15)$$

式中：

$E_{Lww,CH_4,ie}$——低碳情景下生活污水委外处理产生的 $CH_4$ 引起的间接碳排放量，单位为吨二氧化碳（$tCO_2$）。

生活污水委外处理产生的 $N_2O$ 引起的间接碳排放量按式（3-16）计算。

$$E_{Lww,N_2O,ie} = N_E \times EF_E \times 44/28 \times GWP_{N_2O} \qquad (3-16)$$

式中：

$E_{Lww,N_2O,ie}$——低碳情景下生活污水在社区内处理产生的 $N_2O$ 引起的间接排放量，单位为吨二氧化碳（$tCO_2$）。

### 3. 活动水平数据的收集

1）建筑碳排放量活动水平数据

（1）直接碳排放

化石燃料的活动水平数据 $AD_i$ 按式（3-17）计算。

$$AD_i = FC_i \times NCV_i \times 10^3 \qquad (3-17)$$

式中：

$FC_i$——第 $i$ 种燃料的消费量，固体和液体燃料的单位为吨（t），气体燃料的单位为万立方米（万 $m^3$）；

$NCV_i$——第 $i$ 种燃料的平均低位发热量，固体和液体燃料的单位为吉焦/吨（GJ/t），气体燃料的单位为吉焦/万立方米（GJ/万 m³）；

$10^3$——吉焦转化为万亿焦耳的单位换算系数。

其中，燃料的消费量 $FC_i$ 可通过以下优先顺序获取：

❑ 对房屋建筑，抽样获取煤炭、气、油等化石燃料的缴费账单，根据抽样人群数量分别估算社区燃料的人均消费量，再根据社区人口总数估算燃料消费量；对供热锅炉所在单位，收集煤炭、气、油等化石燃料的能源台账或统计报表。

❑ 如上述数据不易获取，可查询地方统计数据或能源平衡表获取当地各种化石燃料的消费量，根据当地人口数量分别估算燃料的人均消费量，再根据社区人口总数估算燃料消费量。

燃料的平均低位发热量 $NCV_i$ 可通过以下优先顺序获取：

❑ 抽样获取煤炭、气、油等化石燃料，委托有资质的专业机构测量其热值。燃料低位发热量的测定应遵循《GB/T 213 煤的发热量测定方法》《GB/T 384 石油产品热值测定法》《GB/T 22723 天然气能量的测定》等相关规定。

❑ 通过供热锅炉单位提供专业机构出具的检测报告，以及地方统计数据或能源平衡表公开的数据获取当地各种化石燃料的热值。

❑ 如当地数据无法获得，可采用附录 B 中表 B-1 的参考值。

（2）间接碳排放

消费外部电力、热力的活动水平数据 $AD_e$ 和 $AD_h$ 可通过以下优先顺序获取：

❑ 对独立计量表安装完善的社区，抽样获取电力和热力的电表读数和购售结算凭证，根据抽样人群数量分别估算社区电力、热力的人均消费量，再根据社区人口总数估算电力和热力消费量。

❑ 如果没有独立计量表，通过社区所属的电力公司和热力公司分别收集电力、热力的消费数据。

❑ 如上述数据不易获取，可查询地方统计数据或能源平衡表获取当地电力、热力的消费量，根据当地人口数量分别估算电力、热力的人均消费量，再根据社区人口总数估算电力、热力消费量。

2）交通碳排放量活动水平数据

交通工具产生的碳排放核算所需的活动水平数据包括：低碳情景下社区常住人口总数 $T_L$、第 $m$ 类交通工具的出行比例 $OP_{tm}$、第 $m$ 类交通工具的平均出行半径 $S_m$、交通工具的类型 $m$，其来源包括：

❑ 通过社区的建设方案、介绍材料等获取社区常住人口总数。

❑ 对社区内的居民住户和商业住户等进行抽样调研，获取私家车、摩托车、机构用车、公共汽车、出租车、地铁、轻轨和其他交通工具的类型及其出行比例，以及交通工具的平均出行距离（如私家车从社区到办公室的距离等）。

3）废弃物处理碳排放量活动水平数据

（1）直接碳排放

生活垃圾在社区内填埋和焚烧处理的活动水平数据，即生活垃圾处理量 MSW，可通过以下优先顺序获取：

❑ 通过社区居委会、街道办事处或物业，根据每天垃圾车出入社区的数量获取。

❑ 如数据不易获取，可查询地方统计数据获取当地生活垃圾数量，根据当地人口数量估算人均生活垃圾产生量，再根据社区人口总数估算生活垃圾处理量。

（2）间接碳排放

生活垃圾委外填埋处理和焚烧处理的活动水平数据，即生活垃圾处理量 MSW，参考生活垃圾在社区内填埋处理和焚烧处理的活动水平数据。

生活垃圾委外处理运输至垃圾处理场的活动水平数据包括生活垃圾处理量 MSW 和生活垃圾的运输距离 $s$，可通过以下优先顺序获取：

❑ 生活垃圾处理量 MSW 参考上述方法获取。

❑ 通过社区居委会、街道办事处或物业确定垃圾处理场的位置，根据城市规划等文件确定运输至垃圾处理场的距离。

生活污水委外处理产生 $CH_4$ 的活动水平数据，即生活污水中有机物总量 TOW，可通过以下优先顺序获取：

❑ 查询社区所在区县环保部门的生活污水生化需氧量（BOD）的实际监测数据；若无，则查询上一级行政区划的相应数据。

❑ 如上述数据无法获得，查询社区所在区县或上一级行政区划中化学需氧量（COD）的统计数据，通过 BOD 与 COD 的关系计算 BOD 的量。全国各区域的 BOD/COD 关系值可采用附录 C 中表 C-1 所示的参考值。

生活污水委外处理产生 $N_2O$ 的活动水平数据，即生活污水中氮含量 $N_E$，按式（3-18）计算。

$$N_E = (T_L \times P_r \times F_{NPR} \times F_{NON-CON} \times F_{IND-COM}) - N_S \tag{3-18}$$

式中：

$T_L$——低碳情景下社区常住人口总数，单位为人（p）；

$P_r$——每年人均蛋白质消耗量，单位为吨蛋白质/人（tProtein/p）；

$F_{NPR}$——蛋白质中的氮含量，单位为吨氮/吨蛋白质（tN/tProtein）；

$F_{NON-CON}$——生活污水中的非消耗蛋白质因子，单位为百分比（%）；

$F_{IND-COM}$——工业和商业的蛋白质排放因子，单位为百分比（%）；

$N_S$——随污泥清除的氮，单位为吨氮（tN）。

其中，社区人口数量 $P$、每年人均蛋白质消耗量 $P_r$、蛋白质中的氮含量 $F_{NPR}$、生活污水中的非消耗蛋白质因子 $F_{NON-CON}$、工业和商业的蛋白质排放因子 $F_{IND-COM}$、随污泥

清除的氮 $N_S$，其来源包括：

- 通过社区的建设方案、介绍材料等获取社区人口数量 $P$。
- 查询地方统计年鉴获取当地每年人均蛋白质消耗量 $P_r$。
- 通过检测机构对蛋白质中的氮含量 $F_{NPR}$、生活污水中的非消耗蛋白质因子 $F_{NON\text{-}CON}$、工业和商业的蛋白质排放因子 $F_{IND\text{-}COM}$、随污泥清除的氮 $N_S$ 进行实测；如当地数据无法获得，可采用附录 C 中表 C-2 的参考值。

### 4．排放因子的收集

1）建筑碳排放量排放因子

（1）直接碳排放

化石燃料的排放因子 $EF_i$ 按式（3-19）计算。

$$EF_i = CC_i \times OF_i \times 44/12 \qquad (3\text{-}19)$$

式中：

$CC_i$——第 $i$ 种燃料的单位热值含碳量，单位为吨碳/万亿焦耳（tC/TJ）；

$OF_i$——第 $i$ 种燃料的碳氧化率，单位为百分比（%）；

44/12——二氧化碳转换成碳的换算系数，单位为吨二氧化碳/吨碳（$tCO_2/tC$）。

燃料的单位热值含碳量 $CC_i$ 和碳氧化率 $OF_i$ 可通过以下优先顺序获取：

- 抽样获取煤炭、气、油等化石燃料的缴费账单，委托有资质的专业机构测量单位热值含碳量。燃料含碳量的测定应遵循 GB/T 476《煤中碳和氢的测量方法》、SH/T 0656《石油产品及润滑剂中碳、氢、氮测定法（元素分析仪法）》、GB/T 13610《天然气的组成分析气相色谱法》、GB/T 8984《气体中一氧化碳、二氧化碳和碳氢化合物的测定（气相色谱法）》等相关标准。
- 如当地数据无法获得，可采用附录 B 中表 B-1 的参考值。

（2）间接碳排放

消费外部电力、热力的排放因子 $EF_e$ 和 $EF_h$ 可通过以下优先顺序获取：

- 查询地方统计局年鉴，获取当地电力、热力的排放因子。
- 如当地数据无法获得，电力排放因子应根据社区所在地及目前的东北、华北、华东、华中、西北、南方电网划分，选用国家主管部门最近年份公布的相应区域电网排放因子；供热排放因子暂按 $0.11\ tCO_2/GJ$ 计，并根据政府主管部门发布的官方数据保持更新。参考值如附录 B 中表 B-2 所示。

2）交通碳排放量排放因子

交通工具产生碳排放的排放因子 $EF_{tm}$ 可通过以下方式获取：

- 关于当地的研究报告或文献记录。
- 如无法获得相关数据，可采用附录 B 中表 B-3 所示的参考值。

3）废弃物处理碳排放量排放因子

（1）直接碳排放

生活垃圾在社区内填埋处理的排放因子包括：$CH_4$ 修正因子 MCF、可降解有机碳 DOC、可降解有机碳比例 $DOC_F$、$CH_4$ 在垃圾填埋气体中的比例 $F$、$CH_4$ 回收量 $R$、氧化因子 OX，可通过以下优先顺序获取：

❑ 查询社区所在区县的垃圾填埋场的实际数据；若无，则查询上一级行政区划的相应数据。

❑ 如上述数据无法获得，可采用附录 C 中表 C-3 所示的参考值。

生活垃圾在社区内焚烧处理的排放因子包括：生活垃圾中含碳量比例 CCW、生活垃圾中矿物碳占碳总量的比例 FCF、废弃物焚烧炉的燃烧效率 $EF_{wi}$，可通过以下优先顺序获取：

❑ 查询社区所在区县的垃圾填埋场的实际监测数据；若无，则查询上一级行政区划的相应数据。

❑ 如上述数据无法获得，可采用附录 C 中表 C-4 所示的参考值。

（2）间接碳排放

生活垃圾委外填埋处理和焚烧处理的排放因子参考生活垃圾在社区内填埋处理和焚烧处理排放因子的方法获取。

生活垃圾委外处理运输至垃圾处理场的排放因子，即生活垃圾的运输排放因子 $EF_{wt}$，可通过以下优先顺序获取：

❑ 查询社区所在区县的实测数据；若无，则查询上一级行政区划的相应数据。

❑ 如上述数据无法获得，可采用参考值 $3.5052 \times 10^{-4}$ $tCO_2/t \cdot km$。

生活污水处理产生的 $CH_4$ 排放因子 $EF_{ww}$ 按照式（3-20）计算。

$$EF_{ww} = B_0 \times MCF_{ww} \tag{3-20}$$

式中：

$B_0$——$CH_4$ 最大产生能力，单位为吨甲烷/吨生化需氧量（$tCH_4/tBOD$）；

$MCF_{ww}$——污水处理场的 $CH_4$ 修正因子，单位为百分比（%）。

其中，$CH_4$ 最大产生能力 $B_0$ 和污水处理场的 $CH_4$ 修正因子 $MCF_{ww}$ 可通过以下优先顺序获取：

❑ 查询社区所在区县的污水处理场的实际监测数据；若无，则查询上一级行政区划的相应数据。

❑ 如上述数据无法获得，可采用附录 C 中表 C-5 所示的参考值。

生活污水处理产生的 $N_2O$ 排放因子，即 $EF_E$，可通过以下优先顺序获取：

❑ 查询社区所在区县的实际监测数据；若无，则查询上一级行政区划的相应数据。

❑ 如上述数据无法获得，可采用参考值 $0.005 \times 10^{-3}$ $tN_2O/tN$。

## 3.3.4　基准情景下碳排放量的核算

### 1．基准情景的识别

将社区进行低碳建设前一年的正常运营管理状态作为城市既有社区的基准情景。

该情景下碳排放量核算所需的活动水平数据和排放因子应选取社区正常运营一年的数据，且与低碳情景保持对应关系。

### 2．碳排放量的计算

原则上，城市既有社区基准情景下的碳排放量 $E_{B,exist}$ 应为以下各部门碳排放量之和。

1）建筑碳排放量

（1）直接碳排放

基准情景下建筑部门化石燃料燃烧产生的直接碳排放量 $E_{Bb,de}$ 按式（3-6）计算。

（2）间接碳排放

基准情景下消费的外部电力、热力产生的间接碳排放量 $E_{Bb,ie}$ 按式（3-7）计算。

2）交通碳排放量

基准情景下交通工具产生的直接碳排放量 $E_{Bt,de}$ 按式（3-8）计算。

3）废弃物处理碳排放量

（1）直接碳排放

基准情景下生活垃圾在社区内填埋处理产生的 $CH_4$ 引起的直接碳排放量 $E_{Bwl,de}$ 按式（3-9）计算。

基准情景下生活垃圾在社区内焚烧处理产生的直接碳排放量 $E_{Bwi,de}$ 按式（3-11）计算。

（2）间接碳排放

基准情景下生活垃圾委外填埋处理产生的 $CH_4$ 引起的间接碳排放量 $E_{Bwl,ie}$ 按式（3-12）计算。

基准情景下生活垃圾委外焚烧处理产生的间接碳排放量 $E_{Bwi,ie}$ 按式（3-13）计算。

基准情景下生活垃圾委外处理运输至垃圾处理场产生的间接排放量 $E_{Bw,t,ie}$ 按式（3-14）计算。

基准情景下生活污水委外处理产生的 $CH_4$ 引起的间接碳排放量 $E_{Bww,CH_4,de}$ 按式（3-15）计算。

基准情景下生活污水委外处理产生的 $N_2O$ 引起的间接碳排放量 $E_{Bww,N_2O,de}$ 按式（3-16）计算。

### 3．活动水平数据的收集

基准情景下各部门碳排放量的活动水平数据，其来源参考低碳情景下碳排放量的核算。

### 4．排放因子的收集

基准情景下各部门碳排放量的排放因子，其来源参考低碳情景下碳排放量的核算。

### 5．校准碳排放量的计算

由人为因素导致的校准碳排放量 $E_{A,\text{exist}}$ 按式（3-21）计算。

$$E_{A,\text{exist}} = 0.6497 \times (T_{L,\text{exist}} - T_{B,\text{exist}}) + E_{B,\text{exist}} \tag{3-21}$$

式中：

$E_{A,\text{exist}}$——城市既有社区校准碳排放量，单位为吨二氧化碳（$tCO_2$）；

$E_{B,\text{exist}}$——城市既有社区基准情景下碳排放量，单位为吨二氧化碳（$tCO_2$）；

$T_{L,\text{exist}}$——城市既有社区低碳情景下社区常住人口总数，单位为人（p）；

$T_{B,\text{exist}}$——城市既有社区基准情景下社区常住人口总数，单位为人（p）；

0.6497——换算系数，单位为吨二氧化碳/人（$tCO_2/p$）。

## 3.3.5　碳减排量的计算

城市既有社区碳减排量 $ER_{\text{exist}}$ 按式（3-22）计算。

$$ER_{\text{exist}} = E_{A,\text{exist}} - E_{L,\text{exist}} \tag{3-22}$$

式中：

$ER_{\text{exist}}$——城市既有社区碳减排量，单位为吨二氧化碳（$tCO_2$）；

$E_{L,\text{exist}}$——城市既有社区低碳情景下碳排放量，单位为吨二氧化碳（$tCO_2$）。

# 3.4　农村社区碳减排量核算方法学

相较于城市社区而言，农村特有的本地资源和气候特点，导致农村社区在系统边界的确定上需要考虑到社区的分散性和自给自足性。农村社区碳减排量核算方法学不仅需要符合农村特有的生产和生活方式，还需要特别关注农业与乡村生态相符的可持续愿景。

## 3.4.1　核算边界的确定

社区的地理边界为农村社区的核算边界。社区内活动引起的能源活动、农业以及废弃物处理产生的直接碳排放和间接碳排放均应作为核算对象，如表 3-3 所示。其中，社区内生产活动引起的碳排放不予考虑，如作坊生产、农作物和经济作物的规模化饲养和种植等。

表 3-3　农村社区碳减排量核算内容

| 活 动 类 型 | | 直接碳排放 | 间接碳排放 |
|---|---|---|---|
| 能源活动 | 建筑[1] | 社区内的房屋建筑和农房及其配套设施消耗的煤、气、油等化石燃料的燃烧排放 | 社区内的房屋建筑和农房及其配套设施消耗的外部电力、热力等隐含的排放 |
| | 交通 | 交通工具产生的排放 | |
| | 生物质燃料 | 以能源利用为目的的非生产活动，燃烧秸秆、薪柴、木炭和动物粪便等产生的排放 | |
| 农业 | 动物粪便管理 | 社区内散养的动物，其粪便施入土壤之前动物粪便储存和处理所产生的排放 | |
| 废弃物处理 | | 生活垃圾在社区内处理产生的排放 | 生活垃圾和生活污水委外处理产生的排放以及生活垃圾运输至处理场产生的排放 |

注1：若社区内农房包含生产活动，原则上只考虑生活用能引起的碳排放。在无法区分生产用能和生活用能的情况下，核算时应确保低碳情景和基准情景的核算内容保持一致。

## 3.4.2　碳排放源的确定

农村社区的碳排放源及其排放的温室气体如表 3-4 所示。其中，能源活动包含农房及其配套设施消耗的煤、气、油等化石燃料以及电力和热力、所有权属于社区的私家车和机构用车等交通工具以及所有权属于社区外的公共汽车和出租车等交通工具、以能源利用为目的非生产活动消耗的秸秆和薪柴等生物质燃料；农业包含散养的非奶牛、水牛、奶牛、山羊、绵羊、猪、马、驴、骡和骆驼等反刍动物；废弃物处理包含生活垃圾和生活污水在社区内和委外处理及其运输过程。

表 3-4　农村社区的碳排放源及其排放的温室气体

| 排 放 源 | | | | $CO_2$ | $CH_4$ | $N_2O$ |
|---|---|---|---|---|---|---|
| 能源活动 | 建筑 | 化石燃料 | 无烟煤 | √ | | |
| | | | 烟煤 | | | |

| 排　放　源 | | | CO₂ | CH₄ | N₂O |
|---|---|---|---|---|---|
| 能源活动 | 建筑 | 化石燃料 其他洗煤 | | | |
| | | 型煤 | | | |
| | | 焦炭 | | | |
| | | 燃料油 | | | |
| | | 汽油 | | | |
| | | 柴油 | | | |
| | | 一般煤油 | ✓ | | |
| | | 液化石油气 | | | |
| | | 天然气 | | | |
| | | 炼厂干气 | | | |
| | | 焦炉煤气 | | | |
| | | 消耗的外部电力 | | | |
| | | 消耗的外部热力 | | | |
| | 交通 | 小型乘用车（≤1.4L） | | | |
| | | 中型乘用车（1.4L～2.0L） | | | |
| | | 大型乘用车（＞2.0L） | | | |
| | | 摩托车 | | | |
| | | 常规公共汽车 | ✓ | | |
| | | 地铁 | | | |
| | | 无轨电车 | | | |
| | | 轻型客车 | | | |
| | | 其他交通工具 | | | |
| | 生物质燃料燃烧 | 木炭 | | | |
| | | 薪柴 | | ✓ | ✓ |
| | | 秸秆 | | | |
| | | 动物粪便 | | | |
| 农业 | 动物粪便管理 | | | ✓ | ✓ |
| 废弃物处理 | 生活垃圾处理 | | | | |
| | 生活垃圾运输 | | ✓ | ✓ | |
| | 生活污水处理 | | | | |

## 3.4.3　低碳情景下碳排放量的核算

### 1. 低碳情景的识别

低碳社区建设一年后正常运营管理的状态为农村社区的低碳情景。

该情景下碳排放量核算所需的活动水平数据和排放因子应选取社区正常运营一年的数据。当逐月确定碳排放量时，低碳情景与基准情景的月份应完全对应。

**2．碳排放量的计算**

农村社区低碳情景下的碳排放量 $E_{\text{L,rural}}$ 应为建筑、交通、生物质燃料燃烧、农业和废弃物处理产生的直接和间接碳排放量之和。其中，建筑、交通和废弃物处理部门的碳排量核算方法与城市既有社区核算方法相同，核算方法见式 3-6～式 3-16。针对农村社区特有的生物质燃料燃烧和农业部门产生的碳排放量的具体核算方法如下所示。

1）生物质燃料燃烧碳排放量

生物质燃料燃烧产生的 $CH_4$ 和 $N_2O$ 引起的直接碳排放量按式（3-23）计算。

$$E_{\text{Lbio,de}} = \text{GWP}_{\text{CH}_4} \times \sum \left( \text{AD}_{\text{bio},i} \times \text{EF}_{\text{bio,CH}_4,i} \right) \times 10^{-6} + \text{GWP}_{\text{N}_2\text{O}} \times \sum \left( \text{AD}_{\text{bio},i} \times \text{EF}_{\text{bio,N}_2\text{O},i} \right) \times 10^{-6}$$

（3-23）

式中：

$E_{\text{Lbio,de}}$——低碳情景下生物质燃料燃烧产生的直接碳排放量，单位为吨二氧化碳（$tCO_2$）；

$\text{AD}_{\text{bio},i}$——第 $i$ 种生物质燃料的消耗量，单位为吨（t）；

$\text{EF}_{\text{bio,CH}_4,i}$——第 $i$ 种生物质燃料的 $CH_4$ 排放因子，单位为克甲烷/千克（燃料）（$gCH_4/kg$）；

$\text{EF}_{\text{bio,N}_2\text{O},i}$——第 $i$ 种生物质燃料的 $N_2O$ 排放因子，单位为克氧化亚氮/千克（燃料）（$gN_2O/kg$）；

$i$——燃料的类型；

$\text{GWP}_{\text{CH}_4}$——$CH_4$ 的全球变暖潜势值，单位为吨二氧化碳/吨甲烷（$tCO_2/ tCH_4$）；

$\text{GWP}_{\text{N}_2\text{O}}$——$N_2O$ 的全球变暖潜势值，单位为吨二氧化碳/吨氧化亚氮（$tCO_2/ tN_2O$）；

$10^{-6}$——单位换算系数。

2）农业碳排放量

农业碳排放量的计算考虑动物粪便处理产生的 $CH_4$ 和 $N_2O$ 排放量，可采用下面两种计算方法。

如果将动物粪便管理产生的 $CH_4$ 直接排放，其产生的碳排放量按式（3-24）计算。

$$E_{\text{Lf,de}} = \left( \sum \text{AD}_{\text{ani},n} \times \text{EF}_{\text{feces,CH}_4,n} \times \text{GWP}_{\text{CH}_4} + \sum \text{AD}_{\text{ani},n} \times \text{EF}_{\text{feces,N}_2\text{O},n} \times \text{GWP}_{\text{N}_2\text{O}} \right) \times 10^{-3}$$

（3-24）

式中：

$E_{\text{Lf,de}}$——低碳情景下动物粪便管理产生的直接碳排放量，单位为吨二氧化碳（$tCO_2$）；

$\text{AD}_{\text{ani},n}$——不同种类动物的数量，单位为头；

$\text{EF}_{\text{feces,CH}_4,n}$——不同种类动物粪便管理的 $CH_4$ 排放因子，单位为千克甲烷/头（年）

（kgCH$_4$/头）；

$\text{EF}_{\text{feces},N_2O,n}$——不同种类动物粪便管理的 $N_2O$ 排放因子，单位为千克氧化亚氮/头（年）（kgN$_2$O/头）；

$\text{GWP}_{CH_4}$——CH$_4$ 的全球变暖潜势值，单位为吨二氧化碳/吨甲烷（tCO$_2$/ tCH$_4$）；

$\text{GWP}_{N_2O}$——N$_2$O 的全球温升潜势值，单位为吨二氧化碳/吨甲烷（tCO$_2$/ tN$_2$O）；

$10^{-3}$——单位换算系数。

如果将动物粪便处理产生的 CH$_4$ 进行燃烧处理，其产生的碳排放量按式（3-25）计算。

$$E_{\text{Lf,de}} = (\sum \text{AD}_{\text{ani},n} \times \text{EF}_{\text{feces},CH_4,n} \times 44/16 + \sum \text{AD}_{\text{ani},n} \times \text{EF}_{\text{feces},N_2O,n} \times \text{GWP}_{N_2O}) \times 10^{-3} \quad (3\text{-}25)$$

式中：

$E_{\text{Lf,de}}$——低碳情景下动物粪便管理产生的直接碳排放量，单位为吨二氧化碳（tCO$_2$）；

44/16——CH$_4$ 转换成二氧化碳的换算系数，单位为吨甲烷/吨二氧化碳（tCH$_4$/tCO$_2$）。

### 3．活动水平数据的收集

农村社区低碳情景下建筑、交通和废弃物处理部门碳排放量的活动水平数据，其来源参考城市既有社区低碳情景下碳排放量的核算。生物质燃料燃烧和农业部门的活动水平数据获取方式如下。

1）生物质燃料燃烧碳排放量活动水平数据

生物质燃料燃烧的活动水平数据，即生物质燃料消耗量 $\text{AD}_{\text{bio},i}$，可按以下优先顺序获取：

❏ 采用调研的方式，通过问卷调查社区内秸秆、薪柴、木炭和动物粪便等生物质燃料的消耗量，根据样本数量和社区人口总数推算出社区整体的生物质燃料消耗量。

❏ 可查询农村/地方统计年鉴获取当地生物质燃料的消费量，根据当地人口数量分别推算燃料的人均消费量，再根据社区人口总数推算燃料消费量。

❏ 专家咨询以及相关的研究结果。

2）农业碳排放量活动水平数据

动物肠道发酵和动物粪便管理的活动水平数据，即不同种类动物的数量 $\text{AD}_{\text{ani}}$，可按以下优先顺序获取：

❏ 采用调研的方式，通过问卷调查社区内农户和放牧饲养的动物数量，根据样本数量和社区人口总数推算出社区内不同动物的数量。

❏ 如数据不易获取，可通过社区所在区县或上一级行政区划畜牧部门统计资料获取当地规模化饲养、农户饲养和放牧饲养存栏量数据，根据当地人口数量和社区人口总数推算出社区内不同动物的数量。

#### 4．排放因子的收集

农村社区低碳情景下建筑、交通和废弃物处理部门碳排放量的排放因子，其来源参考城市既有社区低碳情景下碳排放量的核算。生物质燃料燃烧和农业部门的排放因子获取方式如下。

1）生物质燃料燃烧碳排放量排放因子

生物质燃料的 $CH_4$ 排放因子 $EF_{CH_4,i}$ 和 $N_2O$ 排放因子 $EF_{N_2O,i}$ 可按以下优先顺序获取：

- ❑ 当地权威检测机构的实测数据。
- ❑ 国内研究报告的相关数据。
- ❑ 采用《省级温室气体清单编制指南（试行）》的参考值，详见附录 B 中表 B-4 所示。

2）农业碳排放量排放因子

农业的碳排放因子包括不同种类动物粪便管理的 $CH_4$ 排放因子 $EF_{feces,CH_4,n}$ 和不同种类动物粪便管理的 $N_2O$ 排放因子 $EF_{feces,N_2O,n}$，它们可按以下优先顺序获取：

- ❑ 当地权威检测机构的实测数据。
- ❑ 国内研究报告的相关数据。
- ❑ 采用《省级温室气体清单编制指南（试行）》的参考值，详见附录 D 中表 1-3 所示。

### 3.4.4　基准情景下碳排放量的核算

#### 1．基准情景的识别

将社区进行低碳建设前一年的正常运营管理状态作为农村社区的基准情景。

该情景下碳排放量核算所需的活动水平数据和排放因子应选取农村社区正常运营一年的数据，与低碳情景保持对应关系。

#### 2．碳排放量的计算

农村社区基准情景下的碳排放量 $E_{B,rural}$ 为以下各部门碳排放量之和。

1）建筑碳排放量

（1）直接碳排放

基准情景下建筑部门化石燃料燃烧产生的直接碳排放量 $E_{Bb,de}$ 按式（3-6）计算。

（2）间接碳排放

基准情景下消费的外部电力、热力产生的间接碳排放量 $E_{Bb,ie}$ 按式（3-7）计算。

2）交通碳排放量

基准情景下交通工具产生的直接碳排放量 $E_{Bt,de}$ 按式（3-8）计算。

3）生物质燃料燃烧碳排放量

基准情景下生物质燃料燃烧产生的直接碳排放量 $E_{Bbio,de}$ 按式（3-23）计算。

4）农业碳排放量

基准情景下动物粪便管理产生的碳排放量 $E_{Bf,de}$ 按式（3-24）和式（3-25）计算。

5）废弃物处理碳排放量

（1）直接碳排放

基准情景下生活垃圾在社区内填埋处理产生的 $CH_4$ 引起的直接碳排放量 $E_{Bwl,de}$ 按式（3-9）计算。

基准情景下生活垃圾在社区内焚烧处理产生的直接碳排放量 $E_{Bwi,de}$ 按式（3-11）计算。

（2）间接碳排放

基准情景下生活垃圾委外填埋处理产生的 $CH_4$ 引起的间接碳排放量 $E_{Bwl,ie}$ 按式（3-12）计算。

基准情景下生活垃圾委外焚烧处理产生的间接碳排放量 $E_{Bwi,ie}$ 按式（3-13）计算。

基准情景下生活垃圾委外处理运输至垃圾处理场产生的间接排放量 $E_{Bw,t,ie}$ 按式（3-14）计算。

基准情景下生活污水委外处理产生的 $CH_4$ 引起的间接碳排放量 $E_{BWW,CH_4,de}$ 按式（3-15）计算。

基准情景下生活污水委外处理产生的 $N_2O$ 引起的间接碳排放量 $E_{BWW,N_2O,de}$ 按式（3-16）计算。

### 3．活动水平数据的收集

基准情景下各部门碳排放量的活动水平数据，其来源参考低碳情景下碳排放量的核算。

### 4．排放因子的收集

基准情景下各部门碳排放量的排放因子，其来源参考低碳情景下碳排放量的核算。

### 5．校准碳排放量的计算

通常情况下农村社区的碳排放量不进行调整，即校准碳排放量 $E_{A,rural}=E_{B,rural}$。

## 3.4.5 碳减排量的计算

农村社区碳减排量 $ER_{rural}$ 按式（3-26）计算。

$$ER_{rural} = E_{A,rural} - E_{L,rural} \tag{3-26}$$

式中：

$ER_{rural}$——农村社区碳减排量，单位为吨二氧化碳（$tCO_2$）；

$E_{L,rural}$——农村社区低碳情景下碳排放量，单位为吨二氧化碳（$tCO_2$）。

## 3.5　小　　结

本章将智慧低碳社区分为城市新建社区、城市既有社区和农村社区，并划分了不同类型社区的系统边界。针对不同社区内的碳排放源，分别构建了智慧低碳社区碳减排量核算方法学，从边界确定、情景识别、活动水平数据和碳排放因子收集等方面详细介绍了核算过程。

## 习　　题

1．为什么说碳减排量的核算是实现可持续发展目标的基础？它对低碳社区建设的重要性体现在哪些方面？

2．碳减排核算方法在制定碳减排策略中扮演着怎样的关键作用？

3．本章提到了不同社区类型的概念和特点，你认为了解社区类型对碳减排量核算重要吗？为什么？

4．构建不同社区类型的碳减排量核算方法的目的是什么？这种差异化的方法对于实际的碳减排工作有何重要意义？

5．在实际的碳减排工作中，为什么需要用全面的视角来理解智慧低碳社区建设的紧迫性和核算方法的重要性？

6．请简要介绍一种针对城市社区碳减排量的核算方法，并说明其适用性和特点。

7．为什么说选择和应用合适的核算工具对实现碳减排目标至关重要？核算工具对碳减排量的评估效果和指导未来发展的方向有何作用？

8．碳减排量核算方法的选择应该考虑哪些因素？请说明这些因素是如何影响核算结果和后续的决策制定的。

9．低碳社区在建设中可能会面临哪些与碳减排量核算相关的挑战？该如何应对这些挑战？

10．在实际的碳减排工作中，社区居民和利益相关者应该如何参与和支持碳减排量核算工作？

# 第 4 章　智慧低碳社区建设路径

智慧低碳社区的建设应从各地区的实际情况出发，因地制宜，分类推进。在这个过程中，按照绿色低碳、生态环保、经济合理、便捷舒适、运营高效的要求，坚持规划先行、循序渐进、广泛参与，并有效控制城乡建设和居民生活领域的温室气体排放，着力打造一批符合不同区域特点、不同发展水平的智慧低碳社区，为推进生态文明建设、加强和创新社会管理、构建社会主义和谐社会、提高城镇化发展质量做出积极贡献。

## 4.1　智慧低碳社区建设概况

降低温室气体排放与增加碳汇是智慧低碳社区建设的两个核心目标。针对城乡社区的主要碳排放源，智慧低碳社区建设主要是综合利用以下方法：减少社区规划建设和使用管理过程中的温室气体排放量，培育社区绿色低碳的社区文化，引导社区居民践行绿色低碳的生活方式。

### 4.1.1　建设内涵

低碳社区本质上是资源环境约束条件下的社区发展模式，通过构建气候友好的自然环境、房屋建筑、基础设施、生活方式和管理模式，在能源、建筑、生态、交通与居民生活等方面减少全生命周期的碳排放。自 20 世纪末期，全球陆续出现低碳社区建设的实验性案例，如德国的弗班（Vauban）、英国的贝丁顿、瑞典的哈默比湖城（Hammarby Sjöstad）、日本的藤泽（Fujisawa）等，逐步从新建向更新改造类型拓展。我国自 21 世纪起，通过国际合作、引入国际经验，开展了低碳社区建设的实践探索。这些示范性、实验性项目大多是新建社区，如天津中新生态城、深圳光明新区绿色建筑示范区等。例北京长辛店低碳社区涉及部分棕地改造，这类存量更新类型模式则较少出现。这些试点项目通常由政府或开发商主导，将土地、建筑、交通、设施等多维度的可持续设计理念与能源综合利用、环境治理、生态修复等领域的先进技术嵌入整个低碳社区的规划、建设与运营中，并制定一系列低碳社区开发建设的配套规范体系，如生态城区或低碳社区指标体系、绿色建筑设计和施工标准、低碳规划控制性导则、低碳产业促进办法等。

智慧低碳社区的硬件设施即建设载体：低碳建筑、公共绿地以及节能减排的基础设施。建设"循环社区"，让社区内的资源循环利用，尤其让水资源循环利用；建设"生态社区"，充分利用绿地、阳台等绿化功能，实现区域的绿化和美化。低碳的生活理念是低碳社区的核心特征，节约资源、适度消费、垃圾分类、废物利用，尽量减少每个社区成员的生活对生态的影响。建设"集约社区"，培养居民的低碳意识，破除"面子"观念；建设"和谐社区"，通过沟通、交流、共同劳动，构建良好的人际关系。智慧低碳社区的规划不仅是智慧低碳社区建设的一个简单开端，而是可以影响整个社区实现低碳目标的起点，研究的重点在于规划原则、功能及具体实施等方面。

经济结构转型是低碳发展在经济层面的内容，建设低碳社区则是低碳发展在社会层面的重要内容。目前，基于我国已有社区的实际建设情况，对已有的社区进行低碳化节能改造耗财耗力，既有社区的低碳化改造也是一项全新的课题，而新建社区可以更好地应用研究成果和技术，因此，研究低碳社区的发展建设主要集中于新建社区。根据国内外低碳社区理论和建设实践经验，将智慧低碳社区建设的主要内容总结为低碳建设、低碳运行管理和低碳生活营造三个层面，并分别对各个层面的建设内容进行归纳。

## 4.1.2　低碳社区建设

社区的基础硬件建设是减碳的重点内容，主要包括建筑单体、能源、交通、规划、环境等方面，为居民提供最基础的生活设施和环境。根据国内外低碳社区建设的经验，智慧低碳社区的建设基础包括如下内容。

### 1. 低碳社区规划

低碳社区规划是指一定时期内由社区发展目标、社区发展主要框架、社区发展的建设项目等组成的社区建设总方案。低碳社区规划是在社区规划设计的理念中融入低碳发展理念，根据社区降低碳排放的需求，通过低碳技术标准及技术组合、低碳生活方式、合理利用当地可再生能源等优化规划，使社区内外空间的多种物态因素在社区生态系统内有序循环和转换，并与自然生态系统相平衡，获得一种高能效、低物耗、零排放、无污染的宜居环境，从源头上减少社区的碳排放。

### 2. 低碳社区土地利用与空间布局

在规划低碳社区的过程中，应全面了解当地的气候、水文、地形和地貌，注重考虑经济、人文、历史、习俗等因素，结合当地的建筑材料和施工技术等实际情况，形成科学合理、切实可行的方案。同时，在打造低碳社区时，应充分借助社区绿化，实现增加碳汇、吸附污染物、减少热岛效应，从而达到节能减排等效果。

### 3. 低碳社区绿色建筑

绿色建筑是指在建造过程中尽量减少生态足迹的居住用房、办公室或其他建筑物。绿色建筑又被称为可持续建筑或生态设计，其采用的资源保护措施能够减少建筑物消耗水、能源和材料的总量。低碳社区建设的重点是社区绿色建筑的建设。绿色建筑要求从建筑的全生命周期引入低碳理念，通过合理地利用土地、选择材料、配置能源系统来降低建筑的能源消耗，以减少碳排放。除上述规划设计环节外，保证建筑施工过程严格执行节能标准，加强工程管理并采用先进的技术措施，以最大程度地节约资源，提高能源利用率，减少施工活动对环境造成的不利影响。

### 4. 建筑材料和设备选型低碳化

社区建筑材料在社区节能领域具有非常重要的地位。从数量上说，建筑材料在社区建设的过程中占比极大；从质量上说，建筑材料种类的选择对社区低碳建设的成功至关重要。因此，对建筑材料和设备的选择，要尽可能满足能耗低、环境污染小、健康环保且具有耐久性的建筑材料与设备。具体而言，一是要鼓励各地方制定适宜本地方特点的低碳建筑材料和设备清单目录；二是鼓励开发建设单位尽可能选择符合绿色低碳标准的可循环利用材料、快速可再生材料等，即选择使用《低碳产品认证目录》等国家、地方低碳相关推广目录中的产品、材料和设备；三是鼓励、动员开发建设单位尽量采用本地材料和高效用能设备，尽可能实现低能耗、高效运作模式；四是依据自身情况，加快研发和推广低碳建筑相关领域的新材料、新技术。

### 5. 低碳能源系统

低碳能源系统是指依赖于低碳或零碳排放能源资源，通过有效的生产、转换和利用方式，显著减少温室气体排放，推动可持续发展的能源系统。其核心是积极开发应用风能、太阳能、地热、生物质能等可再生能源，优化能源结构，提高利用效率，形成可再生能源与常规清洁能源相互衔接、相互补充的能源供应模式，构建清洁、安全、高效、可持续的能源供应系统和服务体系，建设节能型社区。具体而言，一是实现常规能源高效利用，针对社区现有条件采用集中供热或工业余热利用等；二是积极配置可再生能源设施，推进太阳能路灯、风光互补路灯、停车厂棚光伏发电、生物质能等可再生能源利用设施的普及；三是建设高效的能源计量和监测系统，在社区能源系统设计上，落实能源供应的分户、分类、分段、分项计量，实现三级计量。四是鼓励开展社区合同能源管理。鼓励社区通过能源合同管理的方式，统筹协调社区内居民小区和社会单位，整体建设社区能源设施。

### 6．资源利用低碳化

社区资源利用的目标是高效利用和循环利用资源，遵循"减量化、再利用、资源化"的原则，采用物质闭路循环和能量梯级利用，按照自然生态系统的物质循环和能量流动方式运行，以实现低排放甚至零排放的污染控制，从而保护环境，促进社会、经济和环境的可持续发展。例如，社区可通过垃圾的减量化、分类化、袋装化和资源化实现废物减排和资源转化；建立水处理系统，将部分生活污水处理后再用于洗车、绿地喷洒、厕所冲洗和冷却用水等方面；构建雨水收集利用工程，将雨水储存或回渗地下，不仅增加了水资源、节约了自来水，还减少了排水量，降低了城市洪水风险，同时改善了水环境，促进了生态环境的修复。水资源利用的低碳途径如图 4-1 所示。

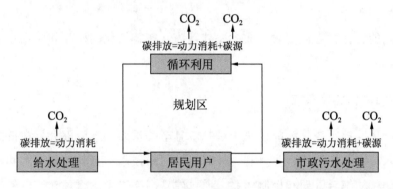

图 4-1　水资源利用的低碳途径

### 7．低碳交通系统

低碳交通是一种以低能耗、低排放、低污染为基本特征的交通运输发展模式，其核心在于提高交通运输的用能效率、改善交通运输的用能结构、减缓交通运输的碳排放。其目的是以低能耗、低污染为基础的交通管理模式，让步行距离设置邻里单元，进行必要的空间配置，使交通运输系统逐渐摆脱对化石能源的过度依赖。低碳社区应该提倡"绿色交通体系"，即建立自行车优先、公交为主、限制小汽车使用的交通组织方式。低碳社区建设要首先考虑以良好步行系统为导向的开发，然后考虑方便自行车使用为导向的开发建设，在此基础上提倡以公共交通为导向的开发建设，最后考虑城市的形象改善工程和小汽车交通的发展。具体而言，一是路网布局优化设计，推进网格式道路布局，实现社区与周边路网有效衔接；二是统筹道路施工和材料选择，避免出现断头路的同时，积极推进交通基础设施建设运营中的无害化处理和综合利用；三是积极配置低碳交通工具及配套设施，鼓励采用新能源汽车，设置居民小区和地铁之间的接驳车，以降低社区总能耗。

### 8．社区绿色碳汇建设

"碳汇"一词源于《联合国气候变化框架公约》缔约国签订的《京都议定书》，是指通过对陆地生态系统的有效管理来提高固碳潜力，碳汇一般是指从空气中清除二氧化碳的过程、活动、机制。社区绿色碳汇是指在社区种植绿色植物吸收并储存二氧化碳。社区内的林木通过光合作用吸收大气中大量的二氧化碳，能有效减缓温室效应。低碳社区建设必须将社区绿化系统建设放在重要的战略地位，工程措施与生物措施并重，"碳减法"与"碳中和"并举，实行标本兼治，相得益彰，实现生态与环境的良性循环。

## 4.1.3 低碳运行管理

低碳社区的运行管理在建设方面主要体现为一些智能化的监测和管理系统，主要包括以下内容。

### 1．楼宇自动化监控系统

楼宇自动化监控系统是智能建筑中最基本且至关重要的组成部分。在低碳社区的各个建筑中引入楼宇监控系统，可以利用计算机及网络技术、自动控制技术和通信技术，构建高度自动化的综合管理和控制体系。通过建立网络平台，将各建筑内的机电设备纳入该系统，实现对空调设备、给排水设备、供配电设备、照明设备、电梯以及安防等设备的全面管理和控制。这个系统的建立不仅可以确保建筑内人员的舒适和安全，还能在此基础上实现设备的经济运行，满足低碳社区内高效节能的需求。

### 2．路灯智能化管理系统

路灯系统是低碳社区建设不可或缺的一部分。智能化路灯管理系统具有高度自动化、可靠运行、高效节能和便捷使用维护的特点，是社区现代化的必然需求。该系统运用计算机智能信息处理技术、先进的通信技术和自控技术等，对城市室外公共照明光源进行开启、关闭、分时降功率运行控制以及运行状态的监测，实现状态显示和报警功能。同时，智能化路灯管理系统将路控和灯控相融合，在实现照明管理控制和节能的同时，确保照明效果的均匀性，并延长路灯的使用寿命。采用路灯智能化管理系统是实现能源节约、减少资源浪费、满足人们生活需求、展现现代化社区建设的科学解决方案。

### 3．区域能源监测信息系统

利用区域能源监测信息系统对区域的能源使用情况进行能耗的分户、分类、分项计量，其中包括水、电、气、热等不同能源的计量，对每个能源类别还可进行分项计量。

建立能源监测信息系统，可以实时监测并记录相关信息以及能源消耗参数等，自动分析并对比能源使用状况，及时发现问题并提供解决方案。同时，该系统还具备各种能源资源评估、能源成本分析、财务预算、能源消费的实时管理、能源项目的财务分析以及准确确认节能量等功能。

### 4. 数字化碳排放监测系统

数字化碳排放监测系统是建设低碳社区智慧平台的重要部分，它是利用数字信息化技术专门针对碳排放而设计的。在低碳社区的建设中，应该充分注重对这一系统的利用，实现低碳的智能化与精细化，但同时必须考虑到本社区的特殊情况。每个社区所需要的设备类型不同，每种设备对每个社区的作用大小也不一样，而且安装这些设备的成本一般都很高，所以必须考虑社区所能负担的费用以及该社区具体需要在哪些方面运用相关设备，要做到物尽其用、物有所值，进而保证社区低碳环保的建设与管理。

### 5. 物联网系统

物联网（The Internet of Things）的核心和基础仍然是互联网，它是在互联网基础上加以延伸和扩展的网络，其用户端延伸和扩展到了任何物品与物品之间。因此，物联网的定义是，通过射频识别（RFID）、红外感应器、全球定位系统、激光扫描器等信息传感设备，按约定的协议，把任何物品与互联网相连接，进行信息交换和通信，以实现对物品的智能化识别、定位、跟踪、监控和管理的一种网络。物联网在低碳社区建设过程中可应用于以下领域：入侵防范系统、智能停车场管理、区域能源监测、智能交通、智能路灯、智能垃圾清理、智能灌溉等。低碳社区引入物联网后，前景十分广阔，它将极大地改变当前的生活方式。

## 4.1.4　低碳生活营造

智慧低碳社区建设中的生活营造包括以下内容。

### 1. 营造低碳文化氛围

低碳理念贯穿着经济、文化和生活的各个方面，而要建设低碳社区，必须培育浓厚的低碳文化氛围。低碳经济、低碳生活、低碳能源源于低碳理念。低碳理念强调在日常生活中减少能耗，从而降低碳排放，特别是二氧化碳的排放。低碳生活理念鼓励人们从点滴做起，包括节电、节油、节气等方面。为了深入了解社区居民的环保意识，可以开展低碳环保问卷调查，摸清社区居民在环保意识上的薄弱环节。此外，结合社区构成情况，制定具体的社区居民环保宣传方案，以普及低碳文化内容，了解社区居民对低碳文化的认知程度和相关意见。在宣传教育方面，组织低碳宣传教育活动是非常有效的途径。可以利用国家低碳日、节能宣传周、科技活动周等重要宣传时间，开展主题鲜明、形式多样、生动活泼的低碳宣传活动。通过这些活动，传递低碳生活的小知识，提高社区居民对低碳生活的认知度。在建设低碳社区的过程中，培育和酝酿低碳文化至关重要。社区管理机构应充分利用社区硬件和软件设施，构建社区文化网络，倡导低碳文化，形成公众参与的合力。公众参与是构建社区低碳的必要手段，可使社区居民更深入地了解节能知识，提高节能技巧，成为节能降耗的专家。公众参与社区低碳文化的创建与宣传活动，有助于加强社区居民与政府的有效配合，解决分歧，相互约束和监督，实现彼此教育，达成共识。通过这种共同努力，低碳意识和低碳生活方式将根植于每个社区居民的心中，真正融入社会公众的生活细节之中。这种文化的培育和传播将在社区内形成浓厚的低碳氛围，为低碳社区的可持续发展奠定坚实基础。

### 2. 鼓励和推广低碳消费模式

生产和消费是生活模式的两个基本方面，低碳消费模式包括诸多方面：首先是居民饮食低碳化。全民倡导健康饮食文化，鼓励公众低碳饮食。一个人或一个家庭践行低碳生活方式难以形成社会凝聚力，而全民参与的低碳生活方式是推动我国低碳社区建设的群众基础。生活细节低碳化，对每个公民来说是举手之劳，它不是一种能力，而是一种观念，是一种态度，更是一种社会责任。其次，超市购物低碳化。超市购物会用到大量的一次性塑料袋，这是重要的生活污染源之一。再次，家居装修低碳化、节能化、环保化，既是营造健康家居的基础，也是节能减排的重要渠道。最后，长期宣传、倡导低碳消费生活方式。例如，在社区中定期举办居民低碳消费评比活动。居民在日常生活中，应养成良好的习惯，充分利用资源并节约资源，如少用纸巾，重拾手帕，随手关灯、拔插头，不坐电梯爬楼梯等。此外，居民还可以在家种些花草，既美化了环境，又净化了空气。

### 3. 倡导低碳出行方式

减少私人汽车使用，开展"无车社区"活动，让社区的居民都步行出进或居民共享轿车；建立便利的公共交通设施，改善交通能耗。推动公众参与低碳出行可以从两方面入手。从改变生活理念方面：可以通过新媒体等宣传手段，引导居民将低碳的生活理念落实到生活的方方面面。从构建公众参与机制方面：强化居民对社区建设的参与权、决策权，弱化社区居委会的行政色彩，促成其转型为服务型的居民自治组织。

### 4. 低碳居家模式

低碳居家作为低碳生活方式的组成部分，其目标与低碳生活方式一致，重点在于减少温室气体的排放。低碳居家体现了居民的低碳环保意识。在保证居家自然通风和采光的前提下，在门窗家具布置、家用电器摆放和使用时稍加注意，可以大大减少电灯、风扇、空调等电器耗能。低碳生活常识也表明，冰箱内存放食物要适量，放得过多或过少都会费电；空调启动瞬间电流较大，频繁开关不但费电，且易损坏空调压缩机。再如，短时间不用电脑时，启用电脑的"睡眠"模式，能耗可下降到50%以下。关掉不用的程序，关闭音箱和打印机等外围设备；少让硬盘、光盘同时工作；适当降低显示器的亮度；各种家用电器非工作环境下尽可能断电等，都可降低能耗。

# 4.2　城市新建社区建设

　　城市新建社区的低碳建设具有先天的优势。一方面，与城市既有社区的低碳化改造相比，城市新建低碳社区的建设是在完备的社区环境综合考量与高度契合的实施规划下统一建造的，并以特定的低碳建设标准为目标，从根源上保障了建设工作的顺利进行和配套设施的同步落实，这些都有利于保证新建低碳社区的建设质量；另一方面，与农村低碳社区建设相比，城市新建低碳社区的具体建设具有相关设备、人力、物力、财力以及文化等方面的便利性与可获得性。

## 4.2.1　建设指标

### 1. 指标体系

　　城市新建社区的标准应遵循以下原则：纳入城市总体规划，符合土地利用规划，有明确的边界；社区开发建设责任主体明确；属于地方城镇化建设的重点区域，对带动当地低碳发展具有示范引领作用；优先考虑国家低碳城市（镇）试点、低碳工业园区试点、国家绿色生态示范城区、国家新能源示范城市、绿色能源示范县、新能源示范园区等范围内的社区；优先考虑开展保障性住房开发、城市棚户区改造、城中村改造等项目的社区。

　　基于前瞻性和可操作性，该建设指标体系设置强调从规划建设环节提出高标准的准入要求，设定了覆盖社区低碳规划、建设、运营管理的全过程的一、二两级指标，其中一级指标10类，二级指标46个。指标性质分为约束性和引导性两类，其中，约束性指标是试点建设必须达到目标参考值要求的指标，引导性指标是试点建设可根据自身情况确定目标参考值的指标。在具体操作中，试点社区应参照表4-1中指标体系，考虑自身实际情况，确定本社区各项指标的目标值，并适当增加有地域特色的指标。

表 4-1　城市新建社区试点建设指标体系

| 一 级 指 标 | 二 级 指 标 | 指 标 性 质 | | 目 标 参 考 值 |
|---|---|---|---|---|
| 碳排放量 | 社区二氧化碳排放下降率 | 约束性 | | ≥20%（比照基准情景） |
| 空间布局 | 建设用地综合容积率 | 约束性 | | 1.2～3 |
| | 公共服务用地比例 | | 引导性 | ≥20% |
| | 产业用地与居住用地比率 | | 引导性 | 1/3～1/4 |
| 绿色建筑 | 社区绿色建筑达标率 | | 引导性 | ≥70% |
| | 新建保障性住房绿色建筑一星级达标率 | 约束性 | | 100% |
| | 新建商品房绿色建筑二星级达标率 | 约束性 | | 100% |
| | 新建建筑产业化建筑面积占比 | | 引导性 | ≥2% |
| | 新建精装修住宅建筑面积占比 | | 引导性 | ≥30% |
| 交通系统 | 路网密度 | 约束性 | | ≥3km/平方千米 |
| | 公交分担率 | 约束性 | | ≥60% |
| | 自行车租赁站点 | 约束性 | | ≥1个 |
| | 电动车公共充电站 | 约束性 | | ≥1个 |
| | 道路循环材料利用率 | | 引导性 | ≥10% |
| | 社区公共服务新能源汽车占比 | | 引导性 | ≥30% |
| 能源系统 | 社区可再生能源替代率 | 约束性 | | ≥2% |
| | 能源分户计量率 | 约束性 | | ≥80% |
| | 家庭燃气普及率 | 约束性 | | 100% |
| | 北方采暖地区集中供热率 | 约束性 | | 100% |
| | 可再生能源路灯占比 | | 引导性 | ≥80% |
| | 建筑屋顶太阳能光电、光热利用覆盖率 | | 引导性 | ≥50% |
| 水资源利用 | 节水器具普及率 | 约束性 | | ≥90% |
| | 非传统水源利用率 | | 引导性 | ≥30% |
| | 实现雨污分流区域占比 | | 引导性 | ≥90% |
| | 污水社区化分类处理率 | | 引导性 | ≥10% |
| | 社区雨水收集利用设施容量 | | 引导性 | ≥3000m³/平方千米 |
| 固体废弃物处理 | 生活垃圾分类收集率 | 约束性 | | 100% |
| | 生活垃圾资源化率 | 约束性 | | ≥50% |
| | 生活垃圾社区化处理率 | | 引导性 | ≥10% |
| | 餐厨垃圾资源化率 | | 引导性 | ≥10% |
| | 建筑垃圾资源化率 | | 引导性 | ≥30% |
| 环境绿化美化 | 社区绿地率 | | 引导性 | ≥8% |
| | 本地植物比例 | 约束性 | | ≥40% |
| 运营管理 | 物业管理低碳准入标准 | 约束性 | | 有 |
| | 碳排放统计调查制度 | 约束性 | | 有 |
| | 碳排放管理体系 | 约束性 | | 有 |

续表

| 一 级 指 标 | 二 级 指 标 | 指 标 性 质 | 目标参考值 |
|---|---|---|---|
| 运营管理 | 碳排放信息管理系统 | 引导性 | 有 |
| | 引入的第三方专业机构和企业数量 | 引导性 | ≥3个 |
| 低碳生活 | 基本公共服务社区实现率 | 约束性 | 100% |
| | 社区公共食堂和配餐服务中心 | 约束性 | 有 |
| | 社区旧物交换及回收利用设施 | 约束性 | 有 |
| | 社区生活信息智能化服务平台 | 约束性 | 有 |
| | 低碳文化宣传设施 | 约束性 | 有 |
| | 低碳设施使用制度与宣传展示标识 | 引导性 | 有 |
| | 节电器具普及率 | 引导性 | 80% |
| | 低碳生活指南 | 约束性 | 有 |

#### 2．指标运用

城市新建社区可根据本指标体系，科学推进社区规划、建设、运营和管理。在规划环节，应把相关指标要求贯彻到经济社会发展、土地利用和城市建设等规划中，落实到空间布局，分解至地块、建筑和配套设施；在建设环节，应把相关指标要求体现在社区建筑、交通、基础设施等领域质量标准和项目管理中；在运营管理环节，应按相关指标要求，建立相应的制度规范、组织机构、管理体系和应用平台。

## 4.2.2　规划引导

### 1．低碳规划理念

优化空间布局。将低碳理念贯穿到社区土地利用规划、城市建设规划、控制性详细规划，实行"多规合一"，倡导产城融合，推行紧凑型空间布局，鼓励以公共交通为导向（TOD）的开发模式，倡导建设"岛式商业街区"。统筹已建区域改造与新区开发的关系，合理配置居住、产业、公共服务和生态等各类用地，科学布局基础设施，加强地下空间开发利用，推行社区"15分钟生活圈"，强化社区不同功能空间的连通性和共享性。

加强低碳论证。根据审核通过的低碳社区试点实施方案，对已有土地利用规划、城市建设规划、控制性详细规划组织开展低碳论证，对上述规划进行完善和补充，并将建筑、交通、能源、水资源、公共配套设施等各项低碳建设指标纳入规划。对新开发小区建设方案开展低碳专项评审。

### 2．低碳规划管理

强化土地出让环节的低碳准入要求。试点社区在土地出让条件中应将主要低碳建设指标纳入土地使用权出让合同，纳入控规指标体系，进入"一书两证"（城市规划选址意见书、建设用地规划许可证、建设工程规划许可证）审批流程。

强化项目的低碳管理要求。将试点社区低碳规划建设指标体系要求纳入社区建设管理工作，对试点社区内项目开展低碳评估。

强化开发单位的主体责任。建立覆盖一、二级开发和分领域规划设计管控机制。试点社区开发主体应按照低碳理念和低碳建设指标体系要求，进行项目规划和设计。项目单位提交的项目建议书、可行性研究报告等相关项目文件应包括低碳建设指标体系落实情况。

## 4.2.3　设施建设

### 1．绿色建筑

加强设计管控：根据城市新建社区相关指标要求，建设单位应从设计、选材、施工全过程严格落实试点社区绿色建筑比重和标准要求。建设单位在进行项目设计发包时，应在委托合同中明确绿色建筑指标、绿色建筑级别、低碳技术应用要求和建筑全生命周期低碳运营管理要求。设计单位应充分考虑当地气候条件，因地制宜采用被动式设计策略，最大限度地利用自然采光通风，合理选用可再生能源利用技术，做到可再生能源利用系统与建筑一体化同步设计，延长建筑使用寿命，降低建筑能源资源消耗。加强对项目设计图纸的低碳审查。支持试点社区进行国内外绿色建筑相关认证。

推行绿色施工：优先选择国家和地方推荐和认证的节能低碳建筑材料、设备和技术，鼓励利用本地材料和可循环利用材料。施工单位参照《建筑工程绿色施工评价标准》，严格做好施工过程节能降耗及环境保护。积极推广工业化和设计装修一体化的建造方式。鼓励开展项目节能低碳评估验收。

### 2．低碳交通设施

合理规划路网布局。推行网格式道路布局，实现社区与周边路网有效衔接，做好社区微路网建设，优化社区出行道路与城市主干道接驳设计。合理规划校园、医院等人流车流密集区域交通设施。统筹考虑社区及周边公共交通站点设置，建设以人为本的慢行交通系统，提高公交车、地铁、自行车等不同交通方式换乘便利化程度，构建紧凑高效社区公交和慢行交通网络。在交通路网建设中尽可能利用循环再生材料。

加快建设新能源汽车配套设施：按照《国务院办公厅关于加快新能源汽车推广应用的指导意见》要求，优先支持试点社区同步规划建设新能源汽车充电桩等配套设施。设立社区新能源汽车租赁服务站点，开展电动汽车接驳服务。试点社区公交、环卫、邮政等领域和学校、医院等公共机构优先配备新能源汽车，支持社区内购物班车和物流配送采用新能源汽车。

完善静态交通设施：合理设置公共自行车租赁、拼车搭乘和出租车停靠设施。优先建设立体停车、地下停车设施。鼓励建设港湾式公交停靠站，在地铁始发站建设停车换乘（P+R）停车场。

推进智慧交通系统的建立：应用现代信息技术开发社区智慧交通服务系统，建设覆盖试点社区主要道路、公交场站、居民小区、公共场所的智慧交通出行引导设施，建立交通数据实时采集、发布、共享和运营调度平台，提供道路交通实时路况、出租车即时呼叫、智能停车引导、公共交通信息等服务，打造智慧交通出行服务体系。

### 3．低碳能源系统

常规能源高效利用：试点社区能源系统应优先接驳市政能源供应体系。市政管网未通达社区，应建设集中供热设施，优先采用燃气供热方式，有条件的地区应积极利用工业余热或采用冷热电三联供系统。

可再生能源利用设施：鼓励可再生能源丰富的试点社区，积极建设太阳能光电、太阳能光热、水源热泵、生物质发电等可再生能源利用设施。采用太阳能路灯、风光互补路灯，在公交车站棚、自行车棚、停车场棚等建设光伏发电系统。鼓励利用生物质能、地热能等进行集中供暖。鼓励构建智能微电网系统。

能源计量监测系统：试点社区应在建筑及市政基础设施的建设过程中，同步设计安装电、热、气等能源计量器具，倡导建设能源利用在线监测系统，实现能源利用的分类、分项、分户计量。

### 4．水资源利用系统

给排水设施：统筹社区内、外水资源，优先接驳市政给排水体系，同步规划建设供水、排放和非传统水源利用一体化设施，鼓励雨污分流，倡导污水社区化分类处理和回用，构建社区循环水务系统。给排水管网建设同步安装智能漏损监测设备，实现实时监测、分段控制。

非传统水源利用：从单体建筑、小区、社区三个层面统筹建设中水回用系统。采用低影响开发理念，建设雨水收集、利用、控制系统，优先采用透水铺装，合理采用下凹式绿地、雨水花园和景观调蓄水池等方式利用雨水，实现与其他自然水系和排水系统的有效衔接。

### 5．固体废弃物处理设施

创新社区垃圾处理理念：按照"减量化、资源化、就地化"的处理原则，把循环经济理念全面贯彻到低碳社区建设过程中，更加注重分类回收利用，优先采用社区化处理方式，从建筑设计理念、基础设施配套、管理方式创新、居民生活行为等多层面，探索建立节约、高效、低碳、环保的社区垃圾处理系统，使社区成为"静脉产业"与"动脉产业"耦合的微循环平台。根据不同地域社区居民生活消费习惯和垃圾成份特点，探索采用不同技术、工艺和管理手段，形成各具特色的社区化处理模式。

合理布局便捷回收设施：鼓励社区设立旧物交换站，商场、超市等设立以旧换新服务点。支持专业回收企业或资源再生利用企业在社区布置自动回收机等便捷回收装置，在有条件的社区设置专门的垃圾分类、收集、处理岗位，实现社区垃圾高效、专业化分类、回收利用和处理。

科学配置社区垃圾收集系统：科学布局社区内的固体废弃物分类收集和中转系统，减少固体废弃物的长距离运输。预留垃圾分类、中转、预处理场地空间。鼓励建设厨余、园林等废弃物社区化处理设施，促进社区内资源化利用。有效衔接市政固废处理系统，配备标准化的分类收集箱和封闭式运输车等设施。

### 6．低碳生活设施

便利服务设施：倡导规划建设配餐服务中心、公共食堂、自助洗衣店、家政服务点等便民生活配套设施，鼓励建立面向社区的出行、出游、购物、旧物处置等生活信息电子化智能服务平台。合理布局社区物流配送服务网点，打造社区商业低碳供应链。

公共服务场所：按照"15分钟生活圈"的规划理念，合理建设社区公园、文化广场、文体娱乐等公共服务空间，鼓励有条件的社区建设集商业、休闲、娱乐、教育等功能于一体的服务综合体。

宣传引导设施：社区内居民小区和社会单位均应在公共活动空间设立宣传低碳理念和社区低碳试点工作的展示栏、电子屏、互动式体验设施等社区宣传设施。

### 7．社区生态环境

保护自然景观：社区开发建设过程中，优先保护自然林地、湿地等自然生态景观，保护生物多样性，鼓励划定禁止开发的生态功能区。社区景观绿化中，优先选用栽植本地植物，强化乔木、灌木、草本植物相结合，维护社区生态系统平衡，促进社区景观绿化与自然生态系统有机协调。

推行立体式绿化：充分利用建筑屋顶和墙面、道路两侧、过街天桥等公共空间，开展垂直绿化、屋顶绿化、树围绿化、护坡绿化、高架绿化等立体绿化，最大限度提高社区绿化率。

## 4.2.4　运营管理

### 1．推行低碳物业管理

强化物业服务低碳准入管理：试点社区所在地政府管理部门、相关建设单位应加强物业服务单位的准入管理，提出低碳物业服务相关标准和低碳运营管理要求，把低碳运营管理作为选聘物业公司的重要依据，把低碳配套设施的运营维护作为移交物业的重要内容。

鼓励引入市场化专业运营服务：鼓励社区通过特许经营等多种方式，在社区开发建设阶段，引入再生资源回收、固体废弃物处理、水资源利用、园林绿化等专业公司参与投资、建设和运营，推行合同能源管理和第三方环境服务等市场机制。

提升低碳物业管理能力：物业服务单位应依据国家和地方物业管理和低碳发展相关要求，制定低碳管理制度，设立低碳管理岗位，建立标准化的低碳管理模式。加强对社区内入驻单位、物业公司低碳物业管理培训和服务考核工作。发挥社区居民自治组织和其他社会组织的作用，鼓励社区居民、社会单位等参与低碳社区建设和管理。

### 2．建立社区碳排放管理系统

建立碳排放管理体系：试点社区应建立覆盖社区内各类主体的碳排放管理体系，制定碳排放管理制度，明确各主体责任和义务，建立社区重点排放单位目标责任制。社区内企事业单位和住宅小区物业单位应设置碳排放管理岗，负责日常低碳管理工作。

加强社区碳排放统计核算：试点社区应结合实际情况，明确碳排放统计核算对象和范围，建立社区碳排放统计调查制度和碳排放信息管理台账，按照社区碳排放核算相关方法学，综合采用统计数据、动态监测、抽样调查等手段，组织开展统计核算工作。

建立碳排放评估和监管机制：试点社区应定期开展碳排放评估工作，并定期向社区居民和有关单位公示反映社区低碳发展水平的指标信息。针对碳排放重点领域、重点单位、重点设施，鼓励推行碳排放报告、第三方盘查制度和目标预警机制，制定有针对性的碳排放管控措施。

### 3．建立智慧管理平台

建立社区综合服务信息系统：结合各地电子政务、智慧城市建设，鼓励试点社区同步建设完善的信息服务平台，建立多功能、综合性社区政务服务系统和社区生活、商业、娱乐信息在线服务系统。

建立数字化碳排放监测系统：有条件的社区，应统筹建立社区碳排放信息管理系统，实现对社区内重点单位、重点建筑和重点用能设施的全覆盖，对社区水、电、气、热等资源能源利用情况进行动态监测。鼓励有条件的地区建设社区能源管控中心，安装智能化的自动控制设施，加强社区公共设施碳排放智慧管控。面向家庭、楼宇、社区公共场所，推广智能化能效分析系统。

## 4.2.5　低碳生活

### 1．培育低碳文化

在社区建设过程中，项目建设单位应通过悬挂标语、制作墙板、印制宣传手册等多种方式，广泛宣传低碳建设内容。在社区建成投运后，面向社区居民和单位发放低碳生活、低碳办公指南，张贴低碳相关标识和说明，指引入驻单位和社区居民科学利用社区内的公共设施，培养低碳消费行为和生活方式。

### 2．推行低碳服务

强化社区服务企业的低碳责任，在社区引入商场、超市、酒店、餐饮、娱乐等服务企业时，应将建设低碳商业作为准入要求，把低碳理念融入采购、销售和售后服务的全过程，积极推广低碳产品和服务，为社区居民提供绿色消费环境。

### 3．推广低碳装修

制定并发布绿色低碳装修指南，引导装修企业从设计、施工、选材等方面提供低碳装修服务，引导企事业单位和居民科学选择装修单位、选购低碳装修装饰材料和产品。试点社区应加强对室内装修活动的规范管理。

# 4.3　城市既有社区建设

城市既有社区建设工作的具体展开需要从以下几方面入手。首先，要注意与相应社区的地域特色文化、城市建设特点相契合，考虑其社区类型；其次，要保证社区管理主体责任的明确，使改造工作的进行符合城市总体规划和土地利用规划的要求。在具体内容上，现有社区的低碳化改造与新建社区基本相同，只是由于改造工程整体并不同于新建，必须根植于社区现有的基本形态与环境条件，并综合衡量各种改造成本与效益。

## 4.3.1 建设指标

### 1. 指标体系

城市既有社区范围和定义应遵循以下原则：体现地域特色文化、城市建设特点，社区类型具有典型性；社区管理主体明确，符合城市总体规划和土地利用规划；低碳发展潜力较大或节能低碳、循环经济、资源综合利用等相关工作基础较好，能够对当地低碳发展产生引领示范作用；优先考虑国家低碳城市试点、国家智慧城市试点、国家循环经济城市试点、节能减排综合示范城市建设、低碳工业园区试点、餐厨废弃物资源化利用和无害化处理试点城市等范围内的社区；优先选择开展老旧小区节能改造和综合整治、居住建筑节能改造、大型公共建筑节能改造等工作的社区。

突出降低社区碳排放量的城市既有社区试点建设指标体系的设置，覆盖了既有建筑、基础设施的改造和社区环境、运营管理和生活方式的提升等方面。该指标体系涵盖9 类一级指标和 32 个二级指标。试点社区应在参照表 4-2 指标体系的基础上，合理确定试点社区各指标目标值并适当增加特色指标。

表 4-2 城市既有社区试点建设指标体系

| 一 级 指 标 | 二 级 指 标 | 指 标 性 质 | | 目 标 参 考 值 |
|---|---|---|---|---|
| 碳排放量 | 社区二氧化碳排放下降率 | 约束性 | | ≥10%（比照试点前基准年） |
| 节能和绿色建筑 | 新建建筑绿色建筑达标率 | 约束性 | | ≥60% |
| | 既有居住建筑节能改造面积比例 | 约束性 | | 北方采暖地区≥30% |
| | 既有公共建筑节能改造面积比例 | | 引导性 | ≥20% |
| 交通系统 | 公交分担率 | 约束性 | | ≥60% |
| | 自行车租赁站点 | 约束性 | | ≥1个 |
| | 电动车公共充电站 | | 引导性 | ≥1个 |
| | 社区公共服务新能源汽车占比 | | 引导性 | ≥20% |
| 能源系统 | 社区可再生能源替代率 | | 引导性 | ≥0.5% |
| | 能源分户计量率 | 约束性 | | ≥30% |
| | 可再生能源路灯占比 | | 引导性 | ≥30% |
| | 建筑屋顶太阳能光电、光热利用覆盖率 | | 引导性 | ≥10% |
| 水资源利用 | 节水器具普及率 | 约束性 | | ≥30% |
| | 非传统水源利用率 | | 引导性 | ≥10% |
| | 社区雨水收集利用设施容量 | | 引导性 | ≥1000m³/平方千米 |

| 一级指标 | 二级指标 | 指标性质 | | 目标参考值 |
|---|---|---|---|---|
| 固体废弃物处理 | 生活垃圾分类收集率 | 约束性 | | ≥80% |
| | 生活垃圾资源化率 | | 引导性 | ≥30% |
| | 餐厨垃圾资源化率 | | 引导性 | ≥10% |
| 环境美化 | 社区绿化覆盖率 | | 引导性 | ≥5% |
| 运营管理 | 开展社区碳盘查 | 约束性 | | 有 |
| | 碳排放统计调查制度 | 约束性 | | 有 |
| | 碳排放管理体系 | 约束性 | | 有 |
| | 碳排放信息管理系统 | | 引导性 | 有 |
| | 引入的第三方专业机构和企业数量 | | 引导性 | ≥3个 |
| 低碳生活 | 低碳文化宣传设施 | 约束性 | | 有 |
| | 低碳宣传教育活动 | 约束性 | | ≥2次/年 |
| | 低碳家庭创建活动 | 约束性 | | 有 |
| | 节电器具普及率 | | 引导性 | ≥50% |
| | 社区公共食堂和配餐服务中心 | 约束性 | | 有 |
| | 社区旧物交换及回收利用设施 | 约束性 | | 有 |
| | 社区生活信息智能化服务平台 | 约束性 | | 有 |
| | 低碳生活指南 | 约束性 | | 有 |

#### 2．指标运用

城市既有社区应根据本指标体系，科学推进社区改造工作。在改造方案编制阶段，围绕指标涉及领域，组织开展现状评估和碳盘查工作，明确试点建设任务和改造重点；在改造实施环节，把低碳指标要求落实到具体项目中；在运营管理阶段，应按照低碳指标建立或完善相关管理制度和管理体系，并持续推动改造工作。

### 4.3.2 改造方案

#### 1．现状评估

调查分析：针对辖区内建筑、能源、交通、水资源、固体废弃物及生态环境等各领域，组织开展现状摸底调研，梳理总结社区在发展绿色建筑和节能建筑、节水节地节材、资源循环利用、交通出行、绿化等方面的工作基础、存在不足和问题，深入了解居民、企事业单位和市政基础设施管理运营机构等各类主体的改造需求和意愿。

碳盘查：根据现状评估情况，综合采用社区碳排放核算相关方法学，核算二氧化碳排放总量以及领域构成、人均碳排放量、单位面积碳排放量等数据信息。各地区相关部门应组织开展社区碳排放调研统计分析的专项培训工作。

### 2．方案编制

明确目标任务：立足社区基础条件和碳排放现状，科学预测未来碳排放趋势，研究分析社区碳减排潜力，提出试点改造目标，明确具体指标要求，确定低碳改造的重点领域、重点任务，编制实施方案。试点任务既包括硬件设施改造，也包括运营模式和管理手段改进。要充分考虑既有社区设施类型复杂、产权多样等因素，科学确定具体项目的实施主体、实施方式，合理配置资金投入与相关资源。

建立推进机制：实施方案应明确政府部门、社区居委会以及相关参与主体的责任，明确工作程序和组织落实模式，加强建筑、供热、道路、电力等领域的统筹协调。针对拟实施的重点改造项目，建立项目专项论证和专家咨询机制。在方案的制定和落实中，要广泛邀请相关单位和居民参与讨论，积极开展宣传引导，调动社会主体支持配合改造实施工作。相关部门应对试点改造方案组织开展低碳专项评审。

## 4.3.3　设施改造

### 1．既有建筑

根据改造方案目标，制定具体的既有建筑节能低碳改造实施方案，将目标任务落实到社区每栋建筑。建筑节能设计、施工单位应根据建筑节能改造相关标准，科学开展设计、施工。设计单位应根据试点社区详细踏勘结果，结合当地气候条件，按照经济合理的原则，做好综合节能低碳改造设计。改造施工单位应编制施工组织设计和专项施工方案，抓好质量控制，做到绿色施工、文明施工。相关行业监督管理部门要做好改造工程的监督管理与验收，改造完成后，对改造工程节能低碳效果进行评估。发挥居民在节能低碳改造中的监督作用。对社区内的规划新建建筑，应尽可能按绿色建筑设计标准设计、建设。

### 2．交通基础设施

优化社区路网结构：充分考虑社区的出行需求和交通流特征，通过加强社区支路建设，打通断头路和瓶颈路，改善社区交通微循环。合理配置社区内公共自行车道、人行道及车辆通行道，加强社区与公共交通"最后一公里"无缝接驳系统建设。

改善社区交通配套设施：试点社区应增设社区公共自行车租赁服务站点和设施，统筹规划充电桩、充电站等新能源汽车配套设施。充分利用社区边角空地，在不影响小区绿化面积的情况下，增设绿荫停车场、立体停车设备，因地制宜地新建、扩建、改建机动车位和非机动车位，解决占道停车和路内停车现象。完善无障碍设施和道路指示牌、人行横道线、减速标志、信号灯设置和道路照明等。

### 3．能源基础设施

优化能源供应系统：结合本地能源禀赋和供应条件，通过煤改电、煤改气等多种方式，积极推进燃煤替代。对必须保留的现有燃煤设施，要加强技术升级和环保升级，推广优质型煤，进行散煤替代和治理，实现达标排放。在有条件的社区，优先推广分布式能源和地热、太阳能、风能、生物质能等可再生能源。加强供热资源整合，以热电联产和容量大、热效率高的锅炉取代分散小锅炉，提高社区集中供热率。对周边区域有工业余热的社区，供暖系统优先采用工业余热。鼓励专业机构以合同能源管理模式投资社区节能改造。

推广利用新设备、新技术：鼓励在社区改造中选用冷热电三联供、地源热泵、太阳能光伏并网发电技术，鼓励安装太阳能热水装置，实施阳光屋顶、阳光校园等工程。在供热系统节能改造中，鼓励采用余热回收、风机水泵变频、气候补偿等技术，推广新型高效燃煤炉具。在社区照明改造中，推广太阳能照明、LED灯等高效照明设备。

加强社区能源计量改造：结合能源系统改造优化，提升能源计量仪表及设备的技术水平，完善水、电、气、热分类计量体系，实现能耗数据采集智能化，鼓励建设社区能源管控中心。推广家庭能源管理系统或软件，完善家庭能源计量器配备。

### 4．水资源利用系统

给排水管网综合改造：统筹供水管网、排水管网、中水管网改造和消防专项整治等工作，优化升级社区给排水管网，综合解决给排水管网老化、跑冒滴漏、水质安全隐患、污水外溢等问题。有条件的社区，探索建立社区内污水分类处理设施，尽可能实现中水社区内回用。

社区节水改造：考虑平房、别墅、高层楼房等不同建筑类型，完善水资源计量管理，对按总水表计量的已建楼房，实施"计量出户、一户一表"改造。推行小区绿化用水单独计量，尽量采用中水。实施社区绿化节水技术改造，推广应用喷灌、滴灌等技术和调节控制器等节水器具。

雨水综合利用：根据降雨量和地形地貌特点，建设适宜的雨、洪水资源化利用系统，通过采取建造蓄水池、渗水井和对硬质铺装地面进行透水化改造等措施，加强相关配套输送管网建设，提高雨、洪水综合利用能力。

### 5．固体废弃物处理设施

完善垃圾分类收运系统：完善社区内的垃圾分类引导标识，加强家庭分类收集装置和社区垃圾分类投放容器的标准化配置，重点强化废纸、废塑料和厨余垃圾分类收集。推进社区清洁站分类、装卸、存储与清洁密闭化改造，提升垃圾分类中转效率，避免二次污染。完善社区可再生资源回收站点布局，支持专业回收企业或生产企业在社区布置自动回收机等便利有偿的回收装置，完善社区回收网络。

建设垃圾社区化处理设施：鼓励社区在有场地条件的餐馆、商场、酒店、菜市场等场所，就近建设餐厨垃圾处理设施，开展就地化处理和利用。在大型公共绿地、公园、绿化面积较大的小区和社会单位，鼓励就地处置，实现绿肥就地回用。严格社区建筑垃圾管理，鼓励采用多种就地消纳方式进行建筑垃圾处理利用。

### 6. 生活服务设施

构建便捷的生活服务网络：深入开展社区居民需求调查，配套完善社区餐饮、洗衣店、菜市场、家政和老年生活服务网点，推进"15 分钟生活圈"建设，为社区居民提供高效、便利的生活服务。支持社区建设旧物交换及回收利用设施，开设定期、定点交换集市。充分利用公共空间，建设低碳科普宣传设施。

完善社区信息化服务平台：加快社区物流信息化建设，支持社区便利店等传统设施与电子商务服务有效衔接，开发面向社区居民的消费信息服务系统，提供在线销售服务。

### 7. 社区生态环境

拓展社区绿色空间：因地制宜推广建筑外墙绿化、屋顶绿化、家庭绿化等。结合"城中村""边角地"、老旧小区和胡同街巷的市容市貌整治工作，加强社区闲置土地整治，通过见缝插绿、拆墙透绿、腾地造绿，最大限度增加绿化面积，提升社区环境质量。

改善社区水环境：结合雨洪调蓄利用等城市水利工程建设，完善社区雨水排水系统，改善社区积水问题。加强社区过境河流、湖泊水体水岸整治，加强水岸景观建设，营造洁净宜居的水域环境。推进社区内水体疏浚治理改造。

## 4.3.4　运营管理

### 1. 健全物业低碳管理体系

对物业缺失、服务体系不健全的老旧小区，应以试点建设为契机，积极引入第三方运营机构，加快建立物业管理体系，同步推行低碳管理模式。对已有物业管理的社区，加快建立低碳物业管理制度、流程、标准，完善低碳管理岗位设置和人员配置。鼓励物业公司集成社会资源，丰富服务内容，提供"一站式"低碳生活服务。加强水、电、气、热等市政设施和园林绿化的日常维护。

### 2. 强化社区碳排放管理

试点社区应建立覆盖社区内各类主体的碳排放管理体系，制定碳排放管理制度，建立社区碳排放统计调查制度和碳排放信息管理台账，组织开展统计核算和碳排放评估工作，加强碳排放信息公示，制定有针对性的碳排放管控措施。

## 4.3.5 低碳生活

### 1. 加强低碳生活理念宣传普及

研究制定有针对性的宣传方案：充分利用社区公共空间，通过专题展板、报栏、社区电子屏，宣传社区低碳改造建设计划、进展及取得成就，鼓励居民参与。举办社区特色低碳宣传活动，定期在学校、展览馆、公共活动广场等开展低碳生活、低碳消费、低碳建筑、低碳技术等低碳体验活动，组织低碳家庭评选。

### 2. 推广低碳生活方式

制定低碳生活指南：从衣、食、住、行、用等方面，引导居民日常生活从传统的高碳模式向低碳模式转变，养成健康、低碳的生活方式和生活习惯。倡导清洁炉灶、低碳烹饪、健康饮食，减少食物浪费。鼓励总结节电、节油、节气、节煤、节水和资源回收及废料应用等低碳生活小诀窍，指导居民学习运用节能低碳新知识和新技能。

推广低碳消费模式：引导社区商场、超市、餐饮等服务机构提供绿色低碳的产品和服务，打造社区商业低碳供应链。鼓励社区居民在房屋装修、电器更换、商品采购各方面选购低碳产品和简约包装商品，推广使用可循环利用的环保购物袋。

倡导绿色低碳出行：支持购买混合动力汽车、电动车等低碳交通工具，发展电动车租赁服务。鼓励居民采用步行、自行车、拼车、搭车等低碳出行方式，宣传低碳旅游方式。

# 4.4 农村社区建设

相对于城市，农村具有经济水平低、产业单一、生活环境差等特点。农村社区的低碳建设既有其发展可以避免"先污染、后治理"路数的优势，又具有缺乏充足资金和技术支持的短板。对于农村社区的低碳建设需要根据农村自身特征，明确农村低碳社区目标，根据农村当地资源、气候特点，科学规划村域建设，加强绿色农房和低碳基础设施建设，推进低碳农业发展和产业优化升级，推广符合农村特点的低碳生活方式。

## 4.4.1　建设指标

### 1. 指标体系

农村社区建设应重点遵循以下几点原则：体现所在地区农村建设发展的特点，具有典型性、代表性；有健全的村民自治组织或社区管理主体，具备较强的试点建设组织能力，社区居民有参与试点建设的积极意愿；具有开展低碳建设工作的基础条件，能够显著改善农村人居环境；优先支持列入国家扶贫开发地区、生态移民区的农村社区，优先选取国家生态县、生态文明建设试点县、可再生能源示范区等县（市）范围内的社区。

建设指标体系设置突出以低碳发展支撑农村人居环境改善，围绕村庄规划、建设和管理，设置了 10 类一级指标和 28 个二级指标，见表 4-3。

表 4-3　农村社区试点建设指标体系

| 一级指标 | 二级指标 | 指标性质 | | 参考值 |
| --- | --- | --- | --- | --- |
| 碳排放量 | 社区二氧化碳排放下降率 | 约束性 | | 8%（比照试点前基准年） |
| 规划布局 | 村庄规划 | 约束性 | | 有 |
| | 畜禽养殖区和居民生活区分离 | | 引导性 | 是 |
| 绿色农房 | 新建农房节能达标率 | | 引导性 | ≥50% |
| | 既有农房节能改造率 | | 引导性 | ≥50% |
| | 人均建筑面积 | | 引导性 | 45～55m²/人 |
| 交通系统 | 公交通达 | | 引导性 | 有 |
| | 清洁能源和新能源汽车 | | 引导性 | 有 |
| 能源系统 | 太阳能热水普及率 | | 引导性 | ≥80% |
| | 可再生能源替代率 | 约束性 | | ≥5% |
| | 家庭沼气/燃气普及率 | | 引导性 | ≥50% |
| 固体废弃物 | 生活垃圾集中收集率 | 约束性 | | 100% |
| | 生活垃圾资源化率 | | 引导性 | ≥30% |
| | 秸秆回收利用率 | 约束性 | | ≥90% |
| 水系统设施 | 饮用水达标率 | 约束性 | | 100% |
| | 节水器具普及率 | 约束性 | | ≥50% |
| 环境综合整治 | 生态保护和修复措施 | 约束性 | | 有 |
| | 小流域综合治理措施 | | 引导性 | 有 |
| 低碳管理 | 碳排放统计调查制度 | 约束性 | | 有 |
| | 村庄保洁制度 | 约束性 | | 有 |
| | 历史文化和风貌管控措施 | | 引导性 | 有 |
| | 碳排放管理体系 | 约束性 | | 100% |

续表

| 一 级 指 标 | 二 级 指 标 | 指 标 性 质 | | 参 考 值 |
|---|---|---|---|---|
| 低碳生活 | 低碳文化宣传设施 | 约束性 | | 有 |
| | 低碳生活示范户 | 约束性 | | 有 |
| | 低碳宣传教育活动 | 约束性 | | ≥2次/年 |
| | 节能器具普及率 | | 引导性 | ≥50% |
| | 清洁节能炉灶普及率 | | 引导性 | ≥50% |
| | 低碳生活指南 | 约束性 | | 有 |

### 2．指标运用

农村社区应参照本指标体系，科学指导村庄规划、建设和管理工作。在规划环节，将低碳指标要求贯彻到农村生产生活服务设施建设、自然资源和历史文化遗产保护的用地布局与具体安排中；在村庄建设环节，把各项指标融入落实到绿色农房、低碳交通、垃圾处理、水系统设施、环境治理等各领域的具体工作中；在运营管理环节，要按照指标要求完善村庄管理制度和管理体系。

## 4.4.2　低碳规划

### 1．规划编制

农村社区要依据所在区域总体规划，突出农村人居环境改善，立足农村实际，体现乡村特色，编制符合低碳理念和试点目标要求的村庄低碳建设规划。规划编制应突出生产、生活功能分区，科学划定村庄空间布局，建设符合农村特点的基础设施，传承乡村风貌和历史文化，确定试点目标和改造、新建内容。规划编制要深入实地调查，坚持问题导向，鼓励村民参与。对已经编制村庄规划的试点社区应参照试点建设指标体系对规划进行碳评估，补充低碳建设内容或制定社区低碳化改造方案。

### 2．规划落实

农村社区所在地相关部门应做好试点低碳规划审查工作，将规划中低碳试点建设相关要求落实到农村土地流转、项目招标和土地审批等具体环节中。要加强基层管理人员业务培训，定期评估试点规划实施情况。充分利用村庄广播、村民会议等方式，加强村庄低碳建设相关工作的宣传，发挥村务监督委员会、村民理事会等村民组织作用，引导村民全过程参与试点规划、建设、管理和监督。

## 4.4.3　低碳建设

### 1．绿色农房

新建农房：按照国家绿色农房、农村居住建筑节能设计等相关标准，对政府统一规划建设的农房提出明确的建设标准要求，对农民自建住房给予有针对性的指导。新建农房设计应充分考虑当地气候条件，最大化利用自然采光通风，推广太阳能建筑一体化应用。优先采用本地化的建筑材料。在满足居住所需建筑面积的同时，提倡紧凑型农宅庭院布局。鼓励有条件的地区推进住宅产业化建造，组织提供专业的农房设计服务。

既有农房：农房低碳改造工作应与危房改造、抗震节能改造、灾区重建等工作统筹推进。既有农房应按照当地建筑节能设计标准开展节能改造，推广应用保温隔热围护结构材料、绿色建材产品，加强全流程的改造监管工作。对改造中的建筑废弃物，倡导转化为可用建材，提高资源利用率。

### 2．交通设施

在有条件的地区，合理设置公交站点、公交线路，因地制宜开通城、镇、村之间的客运车辆，为农村居民提供便捷的绿色出行条件。加快淘汰不符合国家和地方环保标准的高耗能、高排放的燃油机动车（船）、农用机械，抓好农村机动车、农用机械的检测维修和保养。在有条件的地区，推广使用液化天然气（LNG）等清洁能源车辆。在风景名胜区和特色旅游村，全面推广新能源车辆，提供低碳的景点游览和接驳服务。

### 3．低碳能源系统

能源供应系统：加快淘汰低质燃煤，积极推进型煤、液化石油气下乡配送，实现农村住户炊事低碳化。结合集中连片的新农村建设，在农业秸秆、畜禽养殖粪便等生物质资源丰富的地区，推广建设规模化的沼气场站，推进沼气在炊事、发电、供热、取暖等方面的综合利用。在居住点较为分散的社区，推广建设户用沼气池，提高家用沼气覆盖率。在沿海、草原牧场等风能资源丰富区域，推广中小型风力发电和风光互补等技术应用。

节能低碳设施和设备：针对不同地区农村的炊事、采暖等用能特点，推广省柴节煤炉、生物质炉、节薪灶等清洁节能炉灶及节能吊炕等。推广应用太阳能热水器、太阳能采暖设备、小型光伏发电系统、太阳能光伏大棚，以及节能低碳农业机械和农产品加工设备、低碳农业设施。

### 4．垃圾处理设施

垃圾收运体系：因地制宜构建农村生活垃圾分类收集处理体系，合理配置村域垃圾收集设施，分户配置标准化的垃圾分类收集容器，指导村民科学分类投放。鼓励资源化优先和"就近就地"的无害化处理方式，健全"村收集、镇转运"的收运体系。

垃圾综合处理系统：加强农村社区再生资源回收利用，设置回收站点，构建县、乡、村三级再生资源回收利用网络。加大秸秆露天焚烧整治力度，推进秸秆综合利用。推广使用可降解地膜。对人畜粪便、厨余垃圾、农林废弃物等有机垃圾采用堆肥方式处理。加强农村非正规垃圾堆放点综合整治，科学建设就地无害化处理设施。

### 5．水资源利用设施

加强农村安全饮用水集中供给系统建设，鼓励建设联村联片、规模适度的供水系统。建设适宜的小型污水处理设施，优先采用人工湿地、好氧塘等低碳生态处理工艺。加强农村畜牧养殖废水的收集，严格做好污水处理。干旱缺水区域要推广应用适宜的雨水收集利用设施。推广滴灌、喷灌等节水灌溉技术，推广水肥一体化模式。推广应用节水、节能、减排型水产养殖技术和模式。

### 6．村域生态环境

环境绿化美化：加强农村自然景观保护，保留有地域特色的田园风貌。立足自然地理和气候资源条件，选用适宜的乡土植物种类，加强村域林木环境、道路林荫和庭院美化，构建不同层次的绿色景观。因地制宜建设碳汇林，综合运用草畜平衡、休牧、围栏等措施，加强草原保护。

生态修复建设：推进农村土地综合整治，加强植树造林、退耕还林还草，加快废弃矿山治理、荒漠化防治。加强荒山荒地造林，实施河道清淤和排洪沟建设，加强小流域综合治理，提高应对洪涝、水土流失等防灾减灾能力。加强对自然保护区、重要生态功能区和生态脆弱地区生态环境保护和监管。

## 4.4.4  低碳管理

### 1．完善村庄公共服务

借鉴城市社区管理和服务模式，在试点村庄推行社区化管理。加强网络、广电通信等信息设施和便民超市、农资超市等服务设施建设。依靠政府、企业、社会组织等多方力量，提升农村教育、卫生、劳动就业、法律、社会保障等公共服务水平。

### 2．健全村庄公共管理

加强农村公用设施管理，建立村庄道路、给排水、垃圾和污水处理、沼气等公用设施和水体、湿地、林地等生态系统的长效管护制度，培育市场化的专业管护队伍，做好专业管护人员技能培训。加强历史文化名村、古村落保护，建立健全保护和传承历史文化的监管机制。鼓励引入专业化物业管理公司，探索农村社区物业管理新模式。鼓励社会企业通过捐赠、投资等方式，在试点农村社区开展公益碳汇林建设。

### 3．加强村庄碳排放管理

加强农村电力、煤炭、燃气等能源资源计量工作，科学配置入村、入户的电表、水表、气表，建立村庄资源能源统计调查制度和碳排放信息管理台账。定期开展能源资源调查统计，分析能源资源消耗总量、结构和变化情况，评估碳排放水平，制定有针对性的碳排放管控措施。

## 4.4.5　低碳生活

### 1．宣传低碳文化

把低碳文化融入农村文化建设，开展反映本地特色的低碳文化活动。充分利用农村广播、文化活动室、农家书屋、宣传栏等，加大低碳文化传播。建立城乡低碳资源联动、低碳信息共享机制，组织开展低碳科技、低碳文化下乡活动，支持开办低碳专题展览，提高村民低碳意识，营造低碳村风、家风和民风。

### 2．倡导低碳生活方式

引导村民的低碳消费行为，编制农村社区低碳生活指南，在社区超市、小卖部、集贸市场等处悬挂张贴低碳产品选购常识、倡议书，鼓励居民选用低碳产品。提倡以勤俭节约方式举办婚丧嫁娶等活动，反对铺张浪费、大操大办。在学校开设低碳教育课堂，普及节水、节电、垃圾分类回收等低碳生活知识，组织评选低碳生活示范户，带动村民形成低碳消费行为习惯。

## 4.5　小　　结

本章根据国家发展改革委组织编制的《低碳社区试点建设指南》，围绕低碳建设、低碳运行管理和低碳生活营造三个方面，总结了现阶段智慧低碳社区的建设路径，并针对城市新建社区、城市既有社区和农村社区等不同社区类型，详细介绍了其对应的建设内容。

# 习　　题

1．智慧低碳社区建设需要根据各地区的实际情况因地制宜，分类推进，为什么？请简要说明这种做法的优势。

2．智慧低碳社区的建设应主要围绕哪几个方面展开？请简要叙述每个方面的内容。

3．在智慧低碳社区建设路径中，为什么强调低碳运行管理的重要性？它的目的是什么？

4．不同类型的社区建设包含不同的指标，请简述这些指标并说明其有何不同。

5．城市新建社区的建设内容主要包括哪些方面？这些方面的建设与城市既有社区的建设有哪些异同之处？

6．在城市既有社区中，智慧低碳社区建设的重点是什么？需要考虑哪些具体因素？

7．农村智慧低碳社区的建设与城市社区的建设有何不同之处？

8．在智慧低碳社区建设中，城市规划和基础设施建设如何相互配合？它们的协同作用有哪些重要意义？

9．智慧低碳社区的建设目标是什么？它们是如何为生态文明建设、社会管理、城镇化发展等方面做出积极贡献的？

10．未来智慧低碳社区建设的最大挑战是什么？该如何应对这些挑战？

# 第 5 章　智慧低碳社区项目实践

前面章节主要介绍了智慧低碳社区建设涉及的相关概念和理论知识，本章结合 4 个国内外具有代表性的智慧低碳社区案例，从项目背景、建筑设计布局、能源供应与节能技术、资源优化配置与利用、交通模式规划、社区建设管理等方面分析其零碳设计理念，以及在新世纪的发展历程。

## 5.1　英国贝丁顿低碳社区

世界知名的英国贝丁顿生态社区作为低碳设计探索的先驱，已成为全球绿色低碳与环境友好型社区实践的典型代表。它的"低碳理念"不仅始终贯彻于社区的规划、设计、建筑等方面，也体现在它所推崇的绿色文化、环境道德和完善的管理制度上。本节主要从上述几个方面详细介绍贝丁顿低碳社区的建设历程和低碳节能技术应用。

### 5.1.1　项目背景

2003 年，英国作为世界上首个以国内立法形式确立近零碳排放目标的国家，在标题为《我们能源的未来：创建低碳经济》能源白皮书中创新性引入了 Low Carbon Economy（低碳经济）概念。

而在此之前，英国贝丁顿低碳社区作为先行实践者开拓创建了一系列先锋性的设计理念及策略：它以社区作为基本单元创造了一个可以自给自足的社区生态系统，向大众展现了一个前沿的低碳社区建造模式及其市场需求，不仅为本国乃至全球低碳社区和低碳城市建设提供了可借鉴的发展路径，也推动了相关理念、标准、规范及实践的发展。

贝丁顿零碳开发项目（the Beddington Zero（fossil） Energy Development，BedZED）是英国伦敦南部萨顿区开发的零碳生态住区项目，选址于一片废弃土地之上。由英国著名的低碳建筑设计师比尔·邓斯特（Bill Dunster）设计，由英国建筑公司零碳工厂（ZED Factory）、皮博迪信托公司（Peabody Trust）和环境咨询组织柏瑞诺公司（Bio Regional）联合开发，工程顾问机构奥雅纳（Arup）一同参与工程设计。

贝丁顿零碳生态社区项目于 2000 年开始施工，2002 年完工并分阶段投入使用。建设完成后，贝丁顿零碳生态社区（图 5-1）总占地为 1.7 公顷，包括 82 个单元（271 套公寓）和近 $2400m^2$ 的办公商用面积。该社区共有 99 套混合使用权住宅，包括 50%的待售住房、25%的核心工人共享所有权住宅以及 25%的社会住宅供出租[1]。

图 5-1　贝丁顿零碳生态社区外观

贝丁顿零碳生态社区的设计理念是在不牺牲现代生活舒适性的前提下，建造节能环保的和谐社区。目前，该社区已成为英国最大的低碳可持续发展社区，也是世界上最早的零碳生态社区探索实践。2000 年 7 月，该社区获得了英国皇家建筑师学会（RIBA）住宅设计大奖优胜奖。此外，该社区还曾获得可持续发展奖，被列入"斯特林奖"的候选名单。如今，该社区已成为世界低碳建筑领域的标杆式先驱，而且是我国上海世博会零碳社区的原型。

## 5.1.2　建筑设计布局

为了实现居住舒适度与能量利用的最大化，贝丁顿零碳社区采取了多种建筑设计方式。

首先，住区采用高密度的布局方式。如图 5-2 所示，贝丁顿社区的每公顷土地上建有 100 户住宅，以提供连贯的社区空间和集约的交通，并减少对绿地的占用，同时也保证了建筑体量和布局可以满足太阳能使用要求。在公共空间方面，住区设置有步行的生活街道、小村庄广场、运动场、社区中心，还有可供居民租种的小块园地（Allotments）。

其次，合理布置建筑朝向，并通过功能混合来达到太阳能利用的最大化，以降低光伏建造的成本。例如，该项目在最初设计时将工作和居住功能混合。工作空间北向设置，因其具有潜在的高使用频率和办公机器热增益，有时会产生过高的室温并可能需要机械降温，以最大限度利用太阳能增益，减少白天对人工照明的需求；居住空间因为使用密度和内部热量获取较少，可以朝南以获取更多的太阳能热补充。

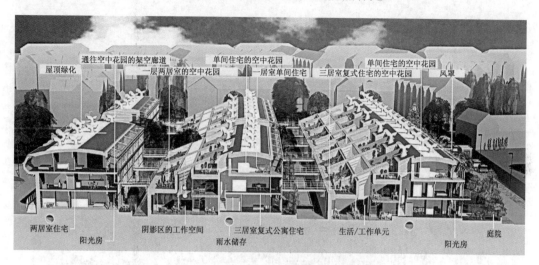

图 5-2　贝丁顿社区低碳理念设计布局图

同时，降低建筑能耗，充分利用太阳能和生物能结合，形成一种"零采暖"的住宅模式。所有住宅坐北朝南，可最大限度铺设太阳能光伏板，使其充分吸收日光；北向采用 3 层中空玻璃，配合超保温墙体等使房屋本身的能量流失降到最低。

此外，传统的房间供暖和制冷会产生大量的碳排放，并且能源利用效率不高。贝丁顿社区通过合理使用高热容量、低热传导的围护材料，以保证房间的热工性能，减少供暖、制冷的能源需求。房间大量使用更加密闭的围护结构也意味着需要合理控制通风，以提供新鲜空气、去除厨房和浴室中的冷凝水、厕所气味和厨房油烟，并在此过程中尽量减少热损耗。尤其是冬季，当引入外部新鲜空气的同时，也需要为每个房间补充供暖。为此，贝丁顿社区开发了风罩系统，即屋顶凸起可见的管道利用风压输送新鲜空气，排出被污染的空气，且空气进出管道间的塑料薄膜可以实现热量交换，从废气中回收热量，对新鲜空气加热，以减少对机械供暖的依赖。

南侧屋顶设计倾斜 30°采光，如图 5-3 所示，以保证建筑高密度布局下的冬季采暖。此外，倾斜的屋顶体量挖缺形成生机盎然的家庭花园。一方面，为居住者提供向阳的温暖晒台；另一方面，屋顶大量种植的半肉质植物"景天"，不仅有助于防止冬天室内热量散失，还能改善整个生态村的形象和吸收二氧化碳[2]。

建材在加工、运输、现场建造的过程中会产生大量的建筑垃圾，并影响到周边环境。贝丁顿社区在建造过程中因"就近取材"和大量使用回收建材而大大降低了成本。为了节约能源，建筑 95%的结构用钢材是从 35 英里内的拆毁建筑场地回收的，其中部分来自一个废弃的火车站。许多木料和玻璃都是从附近的工地上"拣"来的，建筑窗框选用木材而不是未增塑聚氯乙烯，仅这一项就相当于在制造过程中减少了10%以上（约800吨）的二氧化碳排放量。

图 5-3　贝丁顿社区屋顶倾斜角度采光

此外，贝丁顿社区在建筑设计中利用一些细节去引导居民的节能行为。例如，采用浅色的装饰提升房间的亮度，从而减少对电能的需求。同时，在厨房等地设置居民可见的智能电表，居民可以非常清晰地了解家中电能的使用量，从而减少对电能的浪费。

据统计，贝丁顿社区的建设成本比伦敦普通住宅的建筑成本高50%。但从长远来看，投入多、耗费少，既减少了整个社会的成本，又减少了社区的长期能耗。与同类居住区相比，在保证生活质量的前提下，贝丁顿社区住户的采暖能耗降低了88%，用电量减少25%，用水量只相当于英国平均用水量的50%。

### 5.1.3　能源供应与节能技术

贝丁顿社区开发了一种技术用来评估和匹配可再生能源与能源需求，即"能源分级"（Energy Grading）技术。该技术可列举可利用的能源清单，并根据其与最终需求的匹配程度进行排序，包括考虑能源利用的可实施性。目的在于尽可能选取最匹配需求的能源形式，实现包括能源利用效率、成本效益、可操作性、环境影响等在内的最佳平衡。

为了实现最优的能源供应方案，贝丁顿社区也经历了不断的尝试，最开始贝丁顿社区的电力供应 80%来自国家电网，热水则由备用天然气冷凝锅炉供应。遵循贝丁顿社区最早家庭能源自主的理念，项目需要寻求更加具有成本效益的供能方式，于是，项目又尝试利用当地的生物燃料进行生物质发电，即生物质热电联产（Bio-mass Combined Heat and Power，CHP），将生物质转化为可用于发电供热的能源，联合太阳能和风能装置为社区提供更清洁高效的能源。

项目建立了一个小型的 CHP 装置，如图 5-4 所示，利用专门的气化器系统（Gasifier System）将这些树木的木屑转化为适合为 CHP 点燃式发动机（Spark Ignition Engine）提供燃料的木炭气（Wood-gas），尽管小型 CHP 的建立仍旧存在一些成本问题和技术难点，但其采用地方性可回收生物资源的想法和实施方案确实有利于推进相关技术的研究和应用[3]。

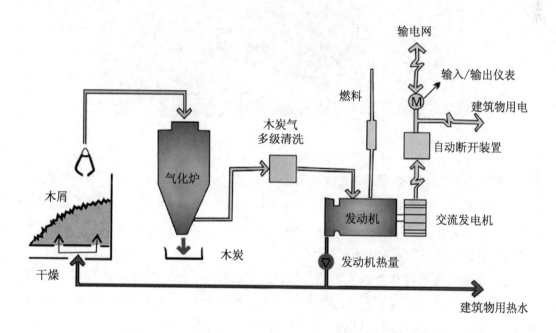

图 5-4　CHP 装置工作示意图

热电联产系统在投入运行使用初获显著成效后，贝丁顿低碳社区彻底取缔了高压输电线网的天然气和电力的能量来源。现在，贝丁顿低碳社区的综合热电厂（CHP）采用热电联产系统为社区居民提供生活用电和热水，由一台 130kW 的高效燃木锅炉进行运作。

木材废弃物、附近地区的树木修剪废料等替代化石能源作为热电联产的燃料发电是一大亮点，它既是一种可再生资源，又减小了城市垃圾填埋的压力；木材的预测需求量为 1100 吨/年，其来源包括周边地区的木材废料和邻近的速生林。小区有一片三年生的 70 公顷速生林，每年砍伐其中的三分之一，并补种上新的树苗，以此循环。树木成长过程中吸收了二氧化碳，在燃烧过程中等量释放出来，因此是一种零温室气体排放过程。

　　社区内所有家庭都安装了太阳能光伏电板（将太阳能转换为电能），总面积为 $777m^2$ 的太阳能光伏电板（图 5-5）峰值电量高达 109kW·h，可供 40 辆电动车使用。

图 5-5　贝丁顿社区屋顶的太阳能光伏电板

　　风能发电装置的存在可以与光伏发电进行耦合，实现风光互补系统。因为风能和太阳能具有天然的互补优势，即白天太阳光强，夜间风多；夏天日照好，风弱，而冬春季节风大，日照弱。风光互补发电系统充分利用了风能和太阳能资源的互补性，是一种具有较高性价比的新型能源发电系统。

　　通风系统使用风帽作为以风为动力的自然通风管道。屋顶颜色鲜艳的风动通风帽不断转动，　个通道排出室内的污浊空气，另一通道则将新鲜空气输送进来。在此过程中，废气中的热量同时对室外寒冷的新鲜空气进行预热，最多能挽回 70% 的热通风损失。

　　在建筑材料的选取上，项目采取了许多零能耗的采暖系统细节设计，如图 5-6 所示。首先是保温墙体：建筑墙壁的厚度超过 50cm，中间还有一层隔热夹层防止热量流失。在无暖气和空调的情况下，夏季室温为 20～25℃，冬季室温为 10～15℃，保证了居住的舒适度。保温窗户选用 300mm 厚的岩棉（具有较好的热绝缘性能）、低 U 值（即热导系数）的高质量双层和三层玻璃窗，窗框采用木材以减少热传导。在建筑主体结构上，房屋使用了可积蓄热能的材质建造，温度过高时，房屋即可自动储存热能，甚至可以保留每个家庭煮饭时所产生的热量，等到温度降低时再自动释放，以此减少暖气的使用[1]。

图 5-6　贝丁顿社区开放屋中陈列的各种建筑材料

## 5.1.4　资源优化配置与利用

除了以上措施外，贝丁顿社区也关注到了包括水资源、建材和废物的回收利用以及食物资源节约等方面。

在水资源方面，清洁水资源的供给、运输，污水的排放、处理等，都需要消耗大量资源。同时，伦敦南部有两个水问题：由于排水系统缺乏能力而导致的洪水，以及由于人均降雨量少、人均用水量高而导致的供水不足。

上述情况使伦敦对水资源的循环利用提出了较高要求，主要表现在雨水收集装置和"生活机器"两个方面，两者可以实现每人每天 15L 的节约用水。贝丁顿社区设计者采用循环利用的节水系统降低水的消耗量，社区建有独立完善的污水处理系统和雨水收集系统。

在条件良好的情况下，雨水经过自动净化过滤器处理后进入储水池，居民用潜水泵把雨水从储水池抽出来可直接清洗卫生间、灌溉树木以及打造室内阳台景观植物和花园水景，如图 5-7 所示。而生活废水则被送到小区内的生活污水处理系统净化处理，部分处理过的中水和收集的雨水被储存后用于冲洗马桶。

其后，冲洗过马桶的水则经过"生活机器"，即生活污水处理设施，并将达到标准的"生态水"（Green Water）在芦苇湿地中进行生物回收，以供厕所冲水、景观灌溉用水，而多余的中水则通过铺有砂砾层的水坑渗入地下重新被土壤吸收，如图 5-8 所示。

这个生态现场污水处理系统也经历了一系列的技术尝试和升级。监测结果表明，居民每天的自来水消耗量低于伦敦平均水平的 58%，这充分证明了节水策略的有效性。

图 5-7　贝丁顿社区室内阳台景观

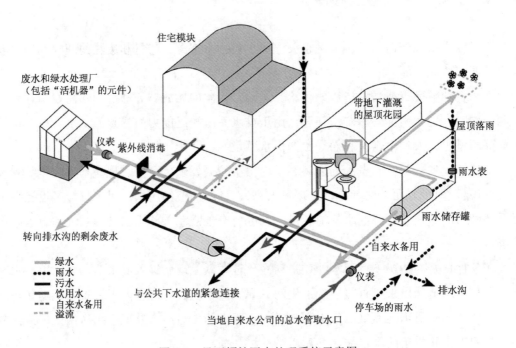

图 5-8　贝丁顿社区水处理系统示意图

在配备的器具装置上，设计者采用多种节水装置降低水的消耗量。比如，水龙头调节器、欧盟"A"级的用水器具、低位抽水马桶或双冲水马桶。所有马桶均采用控制冲水量的双冲按钮，一次冲水量比普通马桶节水 5～7L；采用节水喷头，每分钟水流量比普通喷头少 6L；每节水龙头装有水流自动检测功能，每分钟水流量比普通水龙头少 13L；安装外露式的水表，让住户了解自家的用水并对此负责。

通过收集雨水冲洗厕所、生活污水就地净化、中水循环利用、使用节水电器和马桶，及循环过滤等措施提高水资源的利用率。

此外，项目还采用了可持续城市排水系统（Sustainable Urban Drainage System，SUDS），包括采用渗透性高的硬质地面、可以清洁污染物的过滤介质以及保水功能强的地面材料，提升地面吸水、蓄水、渗水、净水性能，以减轻当地洪水影响。

贝丁顿社区采取了一些简单的措施，希望人们能更好地进行食物选取并节约食物。例如，为了减少食物浪费，倡导居民培养好的购物习惯和烹饪技巧；鼓励人们从零开始做更多的食物，而不是购买高度加工的即食食品；多吃当地的时令有机农产品等。同时，为了推广这样的生活方式，项目在社区内开设了多功能市场，每周一、周日开放农产品售卖，周一、周二和周五的午餐时间经营咖啡馆，为当地居民提供健康的餐点。贝丁顿社区也提供了种植园地，可分配给各个家庭自行种植，这样可以为居民提供便利的时令蔬菜，有利于形成健康的低肉饮食习惯。

生活垃圾因为其大量且分散的特点，现场处理或者集中回收都存在困难，所以，项目便利用每个家庭的隔离垃圾箱以及回收箱进行垃圾的回收，然后由地方当局的回收服务进行回收，这种方法实施的关键在于社区倡议以及相关的社交平台及组织团体的正面影响。

## 5.1.5　交通模式规划

从建筑本身进行能耗控制是减碳的一个方面，而建立一种绿色的生活方式则会产生长远的环境保护效益。贝丁顿社区也考虑了如何通过设计去引导一种低碳的生活。

其中，城市交通是影响碳排放量的重要部分。贝丁顿社区积极倡导绿色交通方式，并试图通过设计使人们建立起一种新的交通习惯。社区内提供就业场所，实现住商两用，住宅及商业空间共存，通过就地就业和就地消费以减少交通消耗。同时提供服务设施，有效减少了居民的出行需求。

另外，贝丁顿社区建有良好的公共交通网络，包括两个通往伦敦的火车站台和社区内部的两条公交线路。为了减少燃油小汽车的使用频率，贝丁顿社区减少了停车位的数量，同时提倡电动汽车的使用，为电动车辆设置免费的充电站。其电力来源于所有家庭装配的太阳能光伏电板（将太阳能转换为电力）。

开发商还建造了宽敞的自行车库和自行车道，如图 5-9 所示，提供充足且安全的自行车停车空间。优先考虑行人和骑自行车者的道路设置或家庭区，遵循"步行者优先"

的政策，人行道上有良好的照明设备，四处都设有婴儿车、轮椅通行的特殊通道。社区举办各类自行车赛事，以促进自行车的使用。为促进彼此间了解，针对新入户居民，社区每月举行欢迎晚会，并提供公共交通信息。

图 5-9    贝丁顿社区步行区与自行车停车场

当人们想去旅行时，汽车是最舒适的交通工具。贝丁顿低碳社区为了减少私家车的拥有数量，成立了"汽车俱乐部"（"Smart Move"/明智出行）。汽车俱乐部提供各种尺寸的车辆，以满足人们的不同需求。居民按小时租用汽车，从而提高汽车的流动性。汽车俱乐部里 1 辆汽车可代替 4～6 辆私家车的使用[4]。

诸如此类的策略确实在一定程度上改变了贝丁顿社区居民对交通的态度，虽然项目后续的回访显示，需要进行更深层次的改变才能够实现全面的低碳出行目标，让人们更加深刻地意识到交通方式对碳排放、对环境的影响，及与自身的行为产生联系。

## 5.1.6    社区建设管理

贝丁顿社区在低碳宣传方面也设计了相应方案，其内部设有贝丁顿中心，以"蜂巢"布局，详细介绍贝丁顿生态区面临的挑战及应对方案、运作方式、成果等；社区设有服务中心，为居民提供低碳节能的各种辅导；社区参与了由世界自然基金会和英国生态区域发展集团共同发起的"一个地球生活"项目。持续的低碳项目使得社区居民形成社区低碳节能的共识，对自己的低碳行为和社区的低碳引以为荣，以低碳形成社区居民联系的纽带[4]。

工程结束但项目仍在推进，贝丁顿社区后期也在持续监测居民生活及技术使用的适应性，并从中得到经验教训。相关文献表明，贝丁顿社区居民将他们的生态足迹（Ecological Footprint，指能够持续地提供资源或消纳废物的、具有生物生产力的地域空间）减少 43%，直观地表明了项目对减少碳排放所做的贡献。此后，低碳设计的理念在不断的实践中应用和发展，成为低碳设计和开发领域的领导者，并在英国和全球范围内进行低碳建筑的设计实践，其实践的范围也逐渐向更多元的建筑类型铺展，包括住宅、混合开发项目，以及公共建筑和办公建筑等。

# 5.2　德国弗莱堡沃邦社区

德国弗莱堡市被誉为"绿色之都"和"太阳能之城"，是全球率先实现可持续发展理念的城市之一，被世界各地许多城市和社区视为楷模。而作为弗莱堡低碳建设标识性象征的沃邦社区，与 5.1 节中介绍的贝丁顿低碳社区相比，在住宅设计、森林管理、能源利用等方面独具特色，成功实现了环境、社会和经济效益的三赢。

## 5.2.1　项目背景

德国弗莱堡是欧洲环境保护运动的发祥地，20 世纪 70 年代，在人们抗议附近的维尔小镇修建核电站并取得成功后，德国绿党诞生。在市民们的推动下，弗莱堡有了可持续发展理事会，并提出了弗莱堡市的可持续发展目标，将经济发展与生态保护相结合，让环保政策、太阳能技术、可持续发展与气候保护等方面的经验与优势，成为政治、经济及城市建设发展的发动机，其成果荣获 2012 年的首届"德国可持续发展大城市奖"。

沃邦位于德国弗莱堡市南部，距市中心 3km，原为法国军营所在地，1992 年法国驻军撤离后便闲置下来。为避免资源浪费，弗莱堡市议会争取到了改建权利，将沃邦地区建成新型城区。

起初，军营联邦政府准备在拆除军营后建立公寓楼，但许多居民认为德国弗莱堡沃邦城区应秉持可持续发展的理念，运用各项先进的技术手段，营造一个宜居且环境友好的社区。沃邦社区（Vauban）规划之初，许多准业主便积极行动、参与其中。1993 年，沃邦社区开始实施"城市建筑发展规划"，区域居民人口 5000 人以上，能提供 600 个左右的就业岗位。组建于 1994 年的沃邦论坛协会最活跃，其成员都是义务工作者，专业优良的水准获得了弗莱堡市政府的支持。该协会在城区规划、建筑方面与业主进行协调工作。

　　沃邦社区 70%左右土地都出售给私人承建，团购建房小组是沃邦城区开发的主要模式。几户人家联合组成一个团购建房小组，他们共同购买地皮，制定建筑方案，然后聘请建筑公司施工，从而节约时间和成本，这样也有利于形成一个良好的邻居集体。目前，沃邦社区已有 46 个团购建房小组，不同的建筑方案形成各具特色的建筑风格。由于准业主们本身就是社区规划的参与者，绿色环保理念早已根植于心，因此，虽然节能房造价要比普通房屋高 10%～30%，但是实施起来依然没有任何阻力。军营改建成 45 套单元房，提供给收入较低、需要住房的人们居住。

　　建设完成后，沃邦社区总面积约 41 公顷，其中居住面积 16.4 公顷，商贸企业办公面积 1.6 公顷，交通面积 12.4 公顷，混用面积 3 公顷，还有 1.7 公顷作为社区公用地。居民共 2472 户，5500 人，平均年龄 28.7 岁，每公顷建筑面积容纳 134.9 人。社区总览图如图 5-10 所示。

图 5-10　沃邦社区总览图

　　沃邦社区被誉为"德国可持续发展社区标杆"，是整个欧洲低碳经济的人居典范，在构想之初，就将"人"定位为可持续发展的中心议题与最终目标。在 2010 年上海世博会上，沃邦被评为全球最适宜居住的 60 个街区之一。

## 5.2.2　建筑设计布局

　　在沃邦社区的建设过程中，节能建筑的成本只有 2000 多欧元/$m^2$。其原因为沃邦小区没有开发商，该小区所有的住宅建筑都是居民和建筑师合作建设，而这一切要得益于弗莱堡市政府的规划。市政府把需要开发的土地划分为若干个小块，建房意愿者只需和建筑师协商后将设计图纸上交到规划部门审批。如果地块面积对个人需求过剩，则必须联合其他的建房者，共同设计好图纸，经过审批即可拿到地，或者由建筑设计师负责承担某个地块，然后建筑师再去与建房人交涉，商量好图纸后到规划部门去审批。

这种建房模式的所有环节都是公开的，便于监督。更重要的是，建房者是设计师的雇主，有权参与和修改图纸的设计，这是沃邦社区成功开发的秘诀之一。由于不同建房者的审美与居住需求差异，房屋建筑风格呈现出多样化。由于这里的建筑质量好，住宅使用成本低，建房者到目前为止几乎没有出租的，尽管法律规定，在自住 3 年之后可以出租。换言之，在沃邦社区建房的，绝大部分都是自住。

根据规划，社区平均建筑密度为 1.4，纯粹建筑用地与公共绿化面积之间比例控制在 1∶6 左右。除主要建筑外，规划还确定所有住宅的高度控制在 13m 以下，楼与楼之间的距离则不低于 19m。拥有大片的公共绿地，加上怡人的街道空间，又排除了机动车的干扰，使得沃邦社区的居民们享有了高品质的休闲质量，街道的功能更多的留给了儿童玩耍。这一环境也对带孩子的家庭产生了巨大的吸引力，儿童占居民人口的比重超过了 20%，这使得沃邦这个发展历史最短的社区成了居民年龄最年轻的社区。除此之外，社区内还开设商店，见图 5-11，给居民的日常生活提供了便利。

图 5-11　社区商店

作为生态示范社区，沃邦社区的建筑完全符合弗莱堡市的节能标准，并且被分为了三种类型：第一种是耗能很少的建筑；第二种是被动式建筑，自身产生的能源与消耗的能源大体相等；第三种是自身产生的能源大于本身的消耗，即"增能建筑"。沃邦社区内三类节能建筑的成本不一：沃邦社区低能耗房屋的建筑成本为 1800～2000 欧元/m²；被动式建筑的成本为 2000～2200 欧元/m²；"增能建筑"的成本为 2200～2500 欧元/m²。在节能建筑研发的初始阶段，由于节能理念尚未普及，加之节能技术和建筑材料的研究推广均需大笔资金投入，节能建筑的建设成本比普通建筑高出了 25%。而现在节能建筑已经发展成熟，市场需求得到了有效扩大，节能建筑的成本自然有所降低。目前，低能耗房屋与传统建筑的建设成本已大体相当。

节能建筑的节能效果明显，其能耗与普通建筑相比可减少 50%～60%。仅仅暖气一项，每年就可减少一笔庞大的支出，这还不包括热水的开销。例如，在沃邦社区的一套 $120m^2$ 住房每年水、电、暖气、煤气的全部开支只有 740 欧元，如果分摊到每个月只有几十欧元，对业主的生活支出几乎没有任何影响。换言之，仅仅是节省的能耗开支，在二三十年后就相当于当初建房的全部投入，这还不包括空气质量提高、生活更加健康等改善带来的生态和社会效益。

城市开发或住宅建设不能以牺牲生态和环境为代价。最好的环境保护就是不对或尽量减少对原始生态的破坏，沃邦社区虽然建筑密集度较高，但却重视保留用以休闲放松的绿色空间。社区在制定规划时就通过法律条文明确宣示，原有的参天大树一律不能动，人工绿化不能代替原始生态。沃邦社区周围自然保护区和山林资源丰富，这也使居民生活品质得到提升。位于沃邦社区南侧边缘的圣乔治小溪，作为社区的雨洪滞留溪，在社区建设时，尽量保持了其原有的生态自然状态，在局部设置了台阶草甸、雨水花园及生物滞留区，在过滤净化雨水的同时，丰富生物多样性。

为了促进空气流通，该社区还在居民的参与下规划了五座个性化绿化带。此外，按照建造规划，区内房屋顶上应种植绿色植物。穿越小区的有轨电车轨道铺在绿地上，不仅减少了电车行驶时的噪音，更重要的是增加了小区的绿化面积。

规划方案基于限制机动车使用、打造高品质的居住区并最大限度满足方便出行要求的原则，设立了一条长约 550m、东西走向的多功能公共通道——沃邦大道。沃邦大道与当地著名的"黑森林"为伴，见图 5-12，可以将森林里的"氧"源源不断地输送到小区。小区产生的二氧化碳也可作为营养反馈给森林。在这里，可以看到草地上、树荫下，有成人可以飘荡的秋千，有石桌、石凳，还有可供 30 人享用的石壁铁炉，以便人们在享受大自然的美景时用铁炉烘烤食物。在一些地方，还可以看到供儿童玩耍的沙滩游戏场和小小的足球门，吊在树上供人攀登的绳索或绳梯等。总之，社区内生活和娱乐设施非常齐全。

与此同时，生态建筑、绿色建筑成为社区建设的重要标准。在选材用料方面无废无污，能使住宅内外的能源交换系统实现良性循环，能源利用方面尽量节能甚至增能。社区很多新型建材都是用复合材料制成的，例如，一尺多厚的板材，只有上下各 10m 是水泥或木质的硬质材料，中间全是稻草、锯末或谷物的壳，在制作过程中经过压缩黏合而成。住宅建筑的规划设计、施工建造、使用运行、维护管理、拆除改建等一切活动中都自始至终做到尊重自然，爱护自然，尽可能地把对自然环境的负面影响控制在最小范围内，实现住区与环境的和谐共存。

图 5-12　社区临近黑森林

## 5.2.3　能源供应与节能技术

弗莱堡市在摒弃了对环境有潜在危害的核能与污染严重的煤炭能源后，广泛地采用可再生清洁能源，如风能、太阳能等。

弗莱堡位于德国西南角，邻近法国和瑞士，年平均日照时数超过 1800 小时，年平均太阳辐射量为 1117kW/m$^2$，这里的光照资源是德国最好的地区之一，因此太阳能电池板随处可见，几乎成为弗莱堡市城市建筑的一部分。在沃邦社区，太阳能建筑的未来与自然和谐共处已经成为现实。在太阳能住宅区的民宅建筑中，通过使用光伏技术，这些建筑所产出的能量比消耗的能量还要多。光伏发电系统与城市电网连接并网运行，居民在自发自用之外，还能并网赚钱。社区内居民自愿在住宅屋顶上增设光伏设备的现象十分普遍。2007 年，社区年产电 621636kW·h，相当于约 200 户居民的年用电量。

绿色都城弗莱堡的推介材料上有一幅巨大的照片，照片上一组庞大的建筑外形很像一条船，因其是一座巨大的太阳能发电站，故被称为"太阳能船"，见图 5-13。这所全球闻名的太阳能船是弗莱堡太阳能住宅的服务中心，也是第一座商业产能建筑。它沿着一条主要道路延伸超过 125m，并作为其对面住宅社区的隔音屏障，这组建筑现已成为绿色都城弗莱堡的象征。

服务中心上下共五层。在地下两层，有储藏室和一个拥有 138 个停车位的停车库。地面一层是两家超市，地面二层是太阳能研究机构的办公室，最上面一层是住家。住家的房顶部是发电的太阳能光伏板，每家房顶的发电量都超过自家的用电需求，多余的电卖给电网，并从那里获得相应的收入。顶层的住户不多，但各家住户门前都有一些多余的空地，他们把它变成了空中花园，既截流了雨水，又美化了环境。

图 5-13　太阳能船

"太阳能船"的后面是一个院落，里面是 10 栋长约 10m 的两层楼房。它们与"太阳能船"一起形成了沃邦太阳能生态住宅区。沃邦社区内的建筑全部是低碳的节能建筑，联邦或州都有立法，不符合法律规定的节能标准不得建房。一般来讲，州的节能标准高于联邦，市和地方的建筑节能标准又高于州，弗莱堡市建筑法规对节能的要求高于所属的巴符州。

建筑在使用过程中能源消耗较大，在建筑节能方面德国有很好的技术与经验。沃邦社区规划所有建筑（包括幼儿园，学校等公建）能耗每年每平方米不能超过 65kW·h；此外还有"节能保暖房"（Passivhaus），其燃料主要是天然气或园林修剪树木废料，避免煤燃料的高污染，每年每平方米不能超过 15kW·h 或少于 1.5L 民用燃油。这类楼房主要通过楼体外墙的隔热系统、太阳能集热板被动获取南面大玻璃处的阳光，通过保障室内通风、回收热能的通风设备获取能量，此类楼房已经建成 20 座。而具有最佳能量消耗数据的建筑是"正向耗能楼"（Positive Energy House），这些楼房采用分布式太阳能发电技术，如图 5-14 所示，整个南面楼顶装备有高效率光电板，它产生的电能除满足居民能源需求外，每年都会有近 9000kW 多余的电能输入公共电网，此类楼房已经建成 50 座[6]。

所有外墙保温技术、门窗保温技术、分布式太阳能发电技术及通风设备能量回收技术等支撑了沃邦社区的建筑节能。例如，窗户是建筑外围护结构中散热最大的部位，室内热量有 50%～60%通过窗的渗漏损失，因此，在节能住房中门窗是第一设计元素。而德国整个窗口包括玻璃和框架，其热传递系数小于 0.8W/（m² · K），窗户本身非常气密，与墙体保温层连接并采取措施防止热桥的产生；外墙体热传递系数小于 $0.2W/(m^2 \cdot K)$，高效率的保温体系维护了室内热能不流失，同时，其玻璃的太阳能透过率大于 50%。因此，建筑楼房设计时通常采用南面大玻璃门窗，以便在冬季尽可能多地获取太阳辐射热，而北面窗尺寸较小，以减少能量损失。在寒冷季节，通风设备能量回收技术既保持了室内空气的清新，又能回收排出到空气中的热能，使输入室内空气温度显著提高。

图 5-14 采用分离式太阳能技术的建筑

## 5.2.4 资源优化配置与利用

雨水利用是解决城市缺水和防洪问题的一项重要措施。对雨水进行有效收集和利用，能极大解决社区内的缺水问题，从而实现经济和生态的双赢。

整个沃邦社区不设雨水下水道，所有雨水均通过石砖铺成的明沟导入沃邦大道旁的两条中心排水渠，排水渠是土质的明渠，雨水在排水渠里缓慢渗入地下，既可补给地下水源，又能减轻排洪沟的负担，避免暴雨时排洪沟下游的居民遭受洪涝之灾。许多住宅都将雨水进行回收，经过处理用于冲刷厕所、花园和冲洗其他。

为了在雨水利用方面与生态和自然相协调，沃邦社区让需要排放的雨水经过有植被的露地之后再渗漏到地下，或把雨水用分道排水系统排到江湖里。弗莱堡还采取对污水和雨水分别收费的方式，调动居民们自觉保护和利用水资源的积极性。

厨房和花园中产生的有机垃圾在腐烂后经快速处理可成为混合肥料，这些肥料可为植物栽培提供丰富的养分，见图 5-15。用堆肥种植的蔬菜，社区居民均可随意采摘。

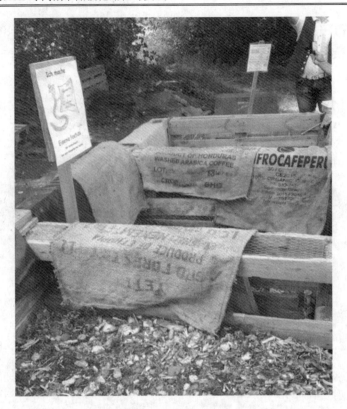

图 5-15　有机垃圾堆肥

进行有效分类过后的垃圾可以再造能源，它们在垃圾焚烧场经处理后可转化为电能和热能。生物垃圾可被发酵成气体，通过燃气发动机转化为电能。因此，剩余物质在沃邦社区同样可以达到最大利用化。新区的热电联产发电站，以高能木屑为燃料，不仅保证碳中和的热能供应，还能为大约 700 户居民供电。

有机生活垃圾还能通过厌氧消化器处理。在一个试点项目中，这个地方包含一个独特的生态污水系统：粪便被真空管道吸入，被输送到这个消化器中，产生沼气，用于烹饪。灰水在生物膜植物中被净化并返回水循环中。

重要的是，沃邦社区正在使用 GEMIS 软件（全称为 Generalized Environmental Modeling System，是一种用于评估环境影响的计算机软件）的生命周期和区域材料流分析进行监控。这是第一次使用区域数据从建筑、基础设施、电力供应、供热、水和废物、交通和私人消费等方面对完整的城市社区进行全生命周期的分析。除了使用全国平均数据的私人消费外，所有领域都可以收集当地数据。由此，得出了以下临时数字：

每年节能：28GJ（计算为"CER"，累计能源需求）。

每年减少二氧化碳当量：2100t。

每年减少二氧化硫（$SO_2$）当量：4t。

每年节约矿产资源：1600t。

## 5.2.5　交通模式规划

沃邦社区对外有 3 条公交线路和 1 条有轨电车线路，见图 5-16，基本保证 15min 可以到达市中心与火车站；城区内规划确定环绕城区主干线限速 50km/h，城区重要通道限速 30km/h，住宅小区街道车速应该等于步行速度。

图 5-16　社区有轨电车

由于政府的提倡和居民的支持，小区内拥有汽车的家庭不多。除了卸货和拉货之外，小区是禁止汽车通行的，有车的家庭必须将车停放在小区边缘的两个车库。私人汽车可以长期停留在社区停车房内，而来访者的汽车必须停留在沃邦大街上。沃邦社区提倡"无车居住"概念，由于公共交通便利，这一概念得到了许多居民的响应，目前，已有 420 户人家加入了"无车居住"。没有停车场的居民区街道成为人际交流、邻里活动和儿童活动的场所，街区的交通功能被明显置于次要地位。在沃邦社区，每千名居民中只有汽车 250 辆，远低于整个联邦德国 500 辆左右的平均值，这样，既减少了大气污染，又保持了整个社区的宁静畅通[5]。

沃邦社区的建设规划已成为法律。在沃邦社区，有明文规定，在小区内行人优先、自行车优先和公共交通优先。居民上下班大多是骑自行车或坐公交车，见图 5-17。从小区坐公交车或有轨电车到城里需要 15 分钟，骑车需要 10 分钟，步行需要 25 分钟至 30 分钟。

由于有轨电车需要在停车站点不断地停车，并且德国的自行车基本全是变速车，骑车更快捷方便。所以，沃邦小区的居民，无论大人还是小孩，人人都有自行车。有的家庭备有 4 辆自行车：2 辆家里人用，另外 2 辆来客时客人用。出差到外地，事先通过网络或电话在目的地城市预订 1 辆"共享汽车"（即凭一张实名认证的智能卡进行租车），下了火车或飞机取了车就去办事，非常方便。

图 5-17 居民出行

规划方案基于限制机动车使用、打造高品质的居住区并最大限度满足方便出行要求的原则，设立了一条长约 550m、东西走向的公共通道——沃邦大道。社区居民乘坐电车可直达弗莱堡市中心和中央火车站，从那里转车可通往全国各地。在沃邦大道东边的入口一侧，设有 3 个超市和购物中心、1 个药店。社区有幼儿园、中小学校，有自己的物业管理机构和餐饮设施。这是一个适合儿童成长的社区，儿童和家长在这里感到很安全。

## 5.2.6　社区建设管理

沃邦社区在建设高科技基础设施的同时也不忘建设社会性、文化性的基础设施。社区没有物业公司，而是由社区工作站直接管理，社区工作站的管理人员来自沃邦社区协会（由业主组成的非在编人员），只保留一名工作人员（在编人员，由市政府发工资）。社区工作站的工作内容是组织社区内不同利益之间、市民与市政府管理部门之间的问题讨论活动，并进行调解，如协同制定社区规划；筹划组建社区民主参政体制，如组织召开居民会议，进行街区对话、进行民意调查、组织有关研讨会[6]；为有关人员和义务工作者的工作提供帮助；参加社区项目活动，如组织社区集体午餐，组织募捐长跑；组织能促进社区共同发展的社会活动，如 7 月沃邦年度庆典、跳蚤市场、足球赛等社会文娱活动。

这个福利型环保社区吸引了众多艺术家安家落户，成立众多的音乐、舞蹈、戏剧等艺术小组，极大地丰富了社区的文化生活。位于社区中心的埃弗雷德-多布林广场就是社区工作站协调的成果。当初市政府的原始规划遭到许多沃邦业主反对，后来在社区工作站努力说服并筹集到广场工程建设资金 25000 欧元后，市政府同意在此建设集市广场，现在这里每周三都是卖果蔬与日用品等的农贸市场，极大方便了广大业主。

沃邦社区同时注重宣传教育。生态保护从孩子做起，及时对孩子进行环保教育。弗莱堡市各类环保项目和学校自发性组织繁多，学生能够发挥自己的想象力和创造力，为学校的环保设施集资，如避免垃圾产生、节省用水、节省能源等项目得到了市政府财力和物力的支持。

开展垃圾处理宣传，利用多种方式培养人们的环保意识，并采用经济手段控制垃圾量。当地人均产生垃圾量为 90 公斤，远远低于本州 122 公斤的平均值。在垃圾回收过程中，有严密的分类系统，细致入微，措施得当，使得 69%回收垃圾可以再利用。

从沃邦社区的规划、建设与发展过程看，德国可持续发展的理念与各项先进的环保技术无疑是值得学习与借鉴的。虽然存在节能房造价较高、垃圾分类麻烦等不足，但沃邦社区业主具有强烈的环保意识，他们仍然积极实施，愿为创建美好环境做贡献，这支撑了社区的可持续发展。2014 年，弗莱堡市议会通过决议，二氧化碳至 2030 年应至少减排 50%，到 2050 年，弗莱堡市应建成碳中和城市。因此，弗莱堡市如今的成就，除了自然条件优越、居民环保意识强外，还与政策方面的重视、经济方面的引导密切相关。

# 5.3　武汉百步亭低碳社区

在国外低碳社区概念提出并成功实践出一系列经典建设模式的同时，我国也在"十二五"规划中提出了有关低碳社区建设部署，并于 2013 年 9 月正式批复了武汉市低碳城市试点工作实施方案。百步亭低碳社区以二氧化碳的减排和增汇为核心，以居住舒适、健康、环保和经济为原则，以政府的政策规划为依托，打破层级管理，形成"建设、管理、服务"三位一体的社区建设模式。

## 5.3.1　项目背景

随着全球参与的节能减排模式成为主流，在第七十五届联合国大会一般性辩论上，中国也给出了自己的承诺："中国将提高国家自主贡献力度，采取更加有力的政策和措施，二氧化碳排放力争于 2030 年前达到峰值，努力争取 2060 年前实现碳中和。"节能减排不再是"时尚"和"口号"，而是刻不容缓的"行动"。

社区是城市的基础单元，是其重要的组成部分。要实现城市低碳化的目标，就离不开社区低碳化建设的支撑。目前，社区住房的碳排放量占国家碳排放总量的 8%～9%。住房减碳的相关绿色举措，实施效果将最为明显。

西方发达国家在低碳社区项目经过近二十年的建设，已取得一定的成果。自 2010 年开始，中国先后开展了一系列低碳试点示范，从不同层面探索低碳发展创新路径，力求创造可借鉴、可复制的低碳城镇化经验。按照国家节能优先的方针，将建设低碳社区纳入整体建设战略目标，确立了物美价廉绿色住宅、完善功能保障、降低能源消耗、长效社区管理机制四项内容。

对于一个面向城市中等收入水平的大型安康住区来说，低碳社区建设应建立在与地区社会经济发展水平相适宜的基础上，旨在普通居住社区示范推广，不追求"低碳高投"的片面宣传。主要通过合理的土地空间布局、对当地自然地理资源的充分利用、绿色交通的综合组织等"低技术"手段来实施，规划提出"聚商、活水、汇绿、节能、降碳、乐居"等策略，通过切实可行的低碳技术，以达到和谐、低碳生活的目标。

对于武汉城市建设而言，建设低碳城市可以集约化利用城市建设的成本，为武汉城市发展提供更大空间；掌握建设低碳社区的方法和技术，使武汉在未来能源短缺情况下的城市竞争中抢占优势，将绿色打造为核心竞争力，提升武汉城市地位；创造良好的生活环境，提升市民居住品质，提高居民生活幸福指数。

百步亭低碳社区地处武汉市市区北部江岸区，总占地面积 7 平方千米，规划居住 30 万人口，是目前武汉市最大的康居工程。经过十余年的发展，现已完成 2.5 万平方千米建设，其中适用经济房占普通商品房的 30%，入住人口约 10 万人，居民家庭年收入大多为 5～10 万元，适用经济房居民家庭年收入低于 4 万元，社区提倡居民自治管理，首创"建设、管理、服务"三位一体的百步亭低碳社区管理模式[7]。

百步亭低碳社区现已建成 10 多万平方米的商业设施，包括快餐食堂、大型酒店、多功能健身中心和医院等；同时大力引进优质教育资源，建成 6 所幼儿园、4 所小学、2 所中学和 1 所老年大学以及党校、市民学校、家庭教育学校等满足居民多元化需求的终身教育系统。

百步亭低碳社区于 2011 年成为湖北省内第一批低碳试点示范社区，2013 年被确定为中法温室气体排放试点评估项日试点单位。2015 年 11 月，百步亭花园确认将被纳入 C40 低碳社区项目。百步亭低碳社区被认定为"全国文明先进社区"，是获得首届"中国人居环境范例奖"的唯一社区。

## 5.3.2　建筑设计布局

百步亭低碳社区在建设时充分利用城市自然气候特征，构建低能耗空间布局。武汉市全年主导风向为东北风，夏季主导风向为东南风，见图 5-18，利用这一气候特点，修建 5 条偏东南向贯通住区的通风廊道，利于缓解夏季热岛效应，改善区内微循环气候环境。

武汉本地最佳朝向为南偏东、偏西 15 度，针对这一特点，社区建筑布局均以南北朝向为主，适当进行偏转。如此便能保证自然通风和日照充足，也可以通过控制建筑体型系数、楼间距等措施达到住宅本身高效的保温隔热性能,可达到国家建筑节能标准30%以上的目标。

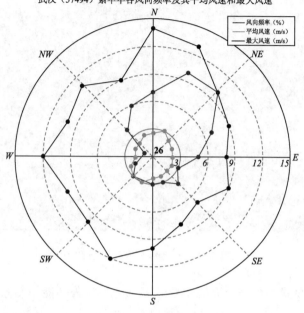

图 5-18　武汉市年风向图

武汉地处冬冷夏热地区,社区将建筑结构体系的优化与建筑节能结合起来,建筑尽量减少外墙的钢筋混凝土面积,增加保温隔热层。建筑采用黑金刚无机保温砂浆做外保温,225mm 厚的加气混凝土砌块填充外墙,苯板做屋面保温隔热。

植物能够吸收二氧化碳,有效降低空气中的二氧化碳的含量,因此社区注重生态绿化系统的构建。首先是建立区域整体生态网络与生态格局,强调社区内部生态结构与区域生态格局网络的衔接,以提高绿量建设,提升整体固碳水平;同时还建立固碳多元化的植物群落,尽量使树种的光合速率最大值不在同一时间产生,使整个群落在一年中的固碳释氧量能达到最大值。

## 5.3.3　能源供应与节能技术

根据武汉的地理位置特点、独特的气候条件和各种清洁能源技术的综合评估,百步亭低碳社区设计出了一系列与社区高度匹配的能源供应方案。

利用武汉地处长江、水资源丰富的优势,百步亭低碳社区大力推行地源热泵技术,见图 5-19。百步亭花园现代城小区——"资源节约和环境友好"的两型社会建设示范点的地源热泵式中央空调系统于 2009 年 11 月正式投入运行,提供冷、暖两季的空调服务,服务面积 4.8 万 m², 服务用户 413 家。

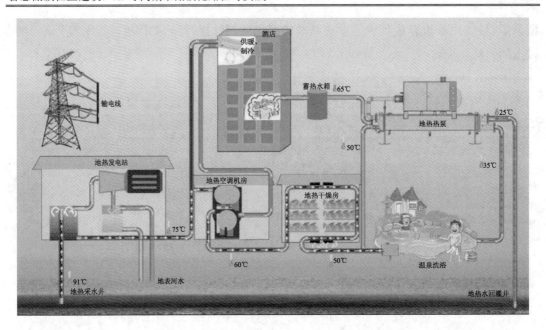

图 5-19　地热综合利用示意图

现代城地源热泵式中央空调系统主要分三部分：室外地能换热系统、水源热泵机组系统和室内采暖空调末端系统及水循环系统。由于技术上的先进性，其与传统中央空调相比，更加高效、节能、环保。计量方式采用了分户计量收费，每 m² 单月使用费用约 3～4 元，整个系统较常规采暖和空调设备节省电力 30%～40%。

同时，百步亭低碳社区引入社会资本投资建设屋顶分布式光伏，生产清洁能源绿电用于公区照明并余电上网。太阳能技术在启动区项目 1500 套住宅中得到了广泛推广，并采用了集中采暖、分户储水的太阳能热水系统。经过核算，能效比传统分户太阳能热水器提高 15%左右，为居民降低生活成本、提高生活质量奠定了良好的基础。

## 5.3.4　资源优化配置与利用

水资源是生态系统中的重要组居部分，而健全的水系统对固碳非常有意义。武汉市年降雨量充沛，建立雨水收集系统可优化用水结构，合理配置水资源。社区利用管网收集雨水作为回用水源，储存在公共绿地内的雨水收集池和水景水体内，经过过滤、尘沙等处理后进行绿化、道路浇洒、水景补水和场地冲洗，并将雨水收集系统和人工湿地系统相结合，雨水收集系统为人工湿地补水，人工湿地为雨水净化提供帮助。采用雨水利用技术后，处理每吨雨水的成本大约为 0.3 元左右，大大低于城市供水价格。

充分利用城市自然水道，形成水系生态廊道，实现水资源的优化配置和循环利用，加强水生态修复与重建，加强地表水源涵养，建设良好的水生态环境，见图 5-20。启动区的"活水"工程是通过联通西侧的黄孝河及明渠水系，加强雨水收集和生态水岸的处理，形成生态水净化循环网络。每个居住组团景观应用人工湿地技术，将组团的生态景观与地域文化相结合，不仅提供休闲娱乐的场所，还成为"水生物、植物生态链"和水处理系统，减少水资源的消耗，取得了良好的生态效益和社会效益[7]。

图 5-20　社区水循环体系规划

　　混合利用土地资源，完善功能配套，实现低碳生活总体布局。百步亭低碳社区将完善的社区公共服务设施与居住建设同步实施，不仅满足了居民的生活需要，降低了交通出行的生活成本和能耗，同时也为居民提供了大量就业岗位。

　　社区内安装了装智能垃圾回收箱和分类垃圾亭，高效利用资源，通过废物回收每年可减少约 5 吨碳排放。

## 5.3.5　交通模式规划

　　交通工具是碳排放三大源头之一，有效控制交通碳排放对低碳城市建设有着巨大的意义。在道路交通规划中，百步亭低碳社区首先结合周边公交站点分布情况，建立方便、快捷的多层次公共交通系统，即提倡方便换乘的公交优先管理系统，并限制小汽车的使用，推广节能、环保、美观的生态小汽车。

　　社区实行"绿色交通计划"，沿主干道规划供步行、自行车和电瓶车使用的"慢行系统"，见图 5-21，即建立安全、完整的低碳出行的自行车道和人行道，倡导健康环保的生活方式。百步亭低碳社区现已建成 4 处电瓶车充电平台和 8 处免费自行车租赁点，方便实现社区居民绿色出行。同时，通过慢行系统串起的篮球场、网球场、乒乓球馆及滑轮溜冰场等公共配套运动服务设施，使居民充分享受全民健身的低碳生活。

图 5-21　　慢行交通体系规划

建设特色鲜明的景观慢行道，建设慢行绿色交通。在启动区的规划中，结合轨道交通站点，建立与公交、电瓶车等多种交通工具的无缝衔接。

但最近的调研发现小区内仍存在较多大排量私家车：该社区大部分户主拥有购置大排量私家车的经济能力。社区距离街面较远，且社区电瓶车发车频率低，这些都在一定程度上诱导了居民的购车行为。

百步亭低碳社区在未来的改革中可进一步进行优化管理：首先可以适当提高车位价格。百步亭现代城社区车位一直不存在供应压力，社区内车位数与已有房屋数比例接近1：1。目前，社区地下车库车位价格区间为 10～13 万元，购买之后拥有 70 年产权，平均每年 1428.57～1857.14 元。同德国弗莱保沃邦社区相比，即使按照房价比例来算，也远低于 23000 美元/年。而社区内街边停车位租金仅为 60 元/月。在这样低停车费的政策下，居民购车不会有后顾之忧，低碳社区建设中的低碳出行目标也难以实现[8]。

## 5.3.6　社区建设管理

百步亭低碳社区还规划了垃圾压缩站及生活垃圾生化处理机房，厨房垃圾进入生活垃圾生化处理机房进行处理。社区建立了完整的垃圾分类培训、指导、检查和激励制度，力争通过垃圾分类收集、分拣和生化处理后，小区垃圾总量能减少 40%左右。

百步亭低碳社区通过推进低碳社区建设，将节俭节约的理念贯穿建设、管理和服务的全过程。社区向居民发放节能灯，通过节能家电换购的方式鼓励居民使用节能电器。这一做法每年可减少 50 吨以上碳排放，能有效降低温室效应。通过建设让老百姓买得起、用得好的绿色住宅，方便社区居民在生活的各个相关方面都能最大限度地节约资源。

国家发改委已于 2013 年 9 月正式批复了武汉市低碳城市试点工作实施方案。这意味着武汉市打造低碳试点城市的方案获得国家层面认可,这必将更好地推进武汉市低碳社区建设。武汉作为我国中部地区的特大城市,已在上百个社区开展创建"两型社区"活动,其中百步亭低碳社区被批准为湖北省第一批低碳试点社区。百步亭低碳社区建设以二氧化碳的减排和增汇为核心,以居住舒适、健康、环保和经济为原则,以政府的政策规划为依托,实现社区环境和公众参与的完美融合,构建和谐融洽的现代化概念住宅,对全市乃至全国低碳社区的建成均具有借鉴意义。

# 5.4　扬州南河下低碳社区

传统民居的形成是人类长期适应自然、改造自然的结果,蕴藏着许多可持续低碳生态思想和综合利用能源改善居住环境的宝贵经验。扬州南河下低碳社区以历史民居文化为依托,运用多达十一项之多的低碳技术,成为我国地域风貌有机结合的实践案例。本节将重点从规划设计、建筑施工、节能技术综合运用等方面来介绍这一低碳民居的探索建设。

## 5.4.1　项目背景

南河下历史文化街区位于老城区的东南部,占地面积约 23.90 公顷,是一个以悠久的盐商文化为依托,以传统的市井文化为表述的历史街区。街区内拥有文保单位 32 家,历史建筑 109 个,还有很多明清时期的盐商住宅和会馆,是扬州老城区内文物古迹最为集中的一个街区。街区的历史风貌保存得也相对较为完好,连湖南会馆和岭南会馆门前的石板路都很完整。街区内的古巷如花园巷、丁家湾、居士巷等纵横交错,古井、古树和老宅子等历史遗留众多。老城区最具价值的遗存还包括 30 多处古代私家园林,同时,在老城范围内还有许多闲置或半闲置的工厂或学校,这里的建筑大多数建于 20 世纪 60 年代,多为现代建筑风格。

扬州市政府一直致力于如何建设和保护这座有着 2500 多年的历史文化名城的探索和研究。如何使这座历史文化名城宝贵的历史文化资源得以充分地挖掘和利用是一个长期的研究课题。扬州市政府和市民投入的巨大的努力为扬州市赢得了 2006 年的"联合国人居奖"。在德国技术合作公司(GTZ)和城市联盟(Cities Alliance)的支持下,扬州完成了未来 15~20 年的保护老城的城市综合提升战略计划的准备。为了支持该项目的进行,扬州市政府实施了长期渐进式的提升和改造过程,工作重点包括老城区居民居住环境改善、改善居民的生活条件等。

2011 年 9 月,扬州市古城办与美国可持续发展社区协会(ISC)进行合作建设,决定将老城区原铰链厂地块作为试点。这一地块位于扬州历史文化名城中古城风貌的核心组成部分——南河下历史文化街区。东接徐凝门路，西靠渡江路，南临南通路，北至广陵路，交通非常便利。地块占地 $3900m^2$，地块周边旅游资源众多：有中国晚晴第一名园——何园；有代表中国古典园林成就的小盘谷；有反映传统商业文化的四岸公馆、岭南会馆；有盐商住宅代表贾氏住宅、周氏住宅；有展示扬州传统特色的魏源旧居（扬州絮园）。

项目主旨是在保护、延续古城格局风貌和文脉及历史街区街巷体系的前提下，将地方传统风格的建筑和低碳措施有机融合，通过经济适用的低碳技术更新传统建筑风格的民居，改善老城区的居住环境，提高老城区居民的生活质量。项目开工时间是 2011 年 9 月 28 日，竣工验收时间是 2013 年 4 月 18 日。建成后的项目无论从建筑风格还是从建筑功能上，都与南河下历史文化街区有机融合。南河下低碳社区总平面图见图 5-22。

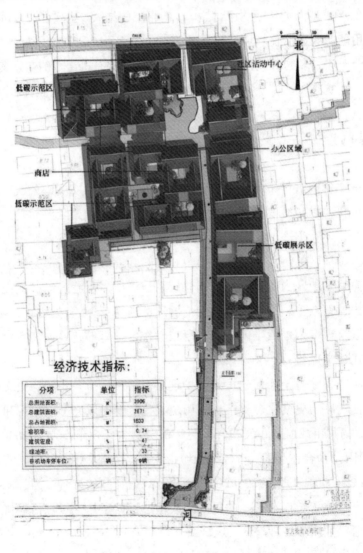

图 5-22 南河下低碳社区总平面图

1993 年，美国绿色建筑委员会（US Green Building Council）建立并推行了"绿色建筑评估体系"。2006 年 3 月，我国颁布了第一个国际性的绿色建筑认证系统《绿色建筑评价标准》，南河下低碳社区的建设正是采用了这一标准。

社区建设方案以社区参与为原则，以经济与生态平衡为基础，研究历史环境下的低碳规划、建筑节能、绿化减排等方面的建筑目标。项目实用性明确，旨在规划设计、建筑施工节能技术组合运用、技术选择与地域经济的协调、建后运行管理以及今后的推广复制方面进行有效的探索。

项目用地为原铰链厂地块面积 3900m²，规划建设的低碳展示馆、节能样板房及居民活动场所就掩藏其中，总建筑面积为 2871m²。该项目是积极探索适用性、经济性前提下低碳技术与地域传统风貌有机结合的案例。该项目运用的低碳技术达十一项之多，设计有多种建筑结构形式：有传统木架构和混凝土框架仿古结构，在建筑围护方面，有轻质加气自保温砌块与生态木骨架组合墙体，使得相同环境中不同建筑结构的能耗比对有科学的数据支持。示范区安装实时能耗监控系统，可对能源消耗进行计算与统计，并作为室内环境控制和更为深入研究的依据，同时也是一份可向公众展示高效能源利用的说明。

目前，扬州古城区面积 5.09km²，其中有低层民居建筑 100 万平方米，有 1.9 万户人家，近 8 万居民。南河下低碳社区整体鸟瞰图见图 5-23。示范项目的意义就在于整体保护古城风貌，维护街区"平缓型"空间格局与城市肌理，改善老城区居住环境和居民生活质量，整合优化老城区的土地资源，探索低碳社区营造与民居建筑可持续保护利用的有机融合。2014 年，这一项目获得建筑奥斯卡"LEED 铂金奖"。

图 5-23　南河下低碳社区整体鸟瞰图

## 5.4.2 建筑设计布局

住宅的朝向和体型对能耗影响应予以高度重视。在地块条件允许的条件下，最长的立面应为南北走向。朝南的立面应该最小，以防止夏季日照导致过热。据专家研究：相同结构的住宅南北朝向比其他朝向能耗节省 20%左右；体型系数每减小 1%，能耗减少 2.5%，并将影响整个建筑生涯的能耗负荷，这是建筑节能措施中最为重要的部分。

整个建筑尽量紧凑，使其外表表面积降至最低水平来减少保温材料的数量，节省能源和成本。民居建筑群采用多进布局形式与低层院落式结构，每进堂前都设置天井，并与房间的门窗、边廊、火巷相连通。各间前后空间形成贯通，产生"穿堂风"，诱导自然通风。天井在盛夏也可起到竖井式的拨气作用，能够诱导水平方向的空气流动，带走热量以保持室内清凉。示范项目在有效利用空间结构与建筑布局的节能设计方面，将建筑形式作为改善建筑环境的手段，成功组织起"空气调节空间调节"等多种被动节能方式。

屋顶的设计也经过考量，传统坡屋面朝南居多，且最佳角度在30°～35°之间，便于放置太阳能集热器，以利用太阳能实现采暖。屋顶木结构上安装保温层，使其在夏季保护室内不受太阳热量的影响，并在冬季减少热量散失。安装顺序从里到外为：①安装传统屋顶木结构；②安装水蒸气隔板，防水密封；③用专用螺丝钉安装 120mmPU 保温板；④铺设玻纤板；⑤在灰浆中嵌入屋面砖[9]。详情见图 5-24。

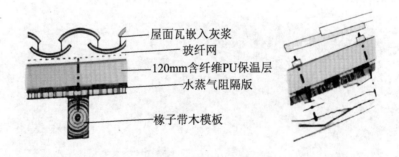

屋面瓦嵌入灰浆
玻纤网
120mm含纤维PU保温层
水蒸气阻隔版
椽子带木模板

图 5-24  屋面保温技术

保温层的上面铺设瓦。在扬州，民居屋面只可用青瓦，不能用玻璃瓦和筒瓦。青瓦，老扬州人叫"小瓦"，南方人叫"蝴蝶瓦"，清官式叫"布瓦"。青瓦屋面是在旺砖上直接干铺底瓦，用碎瓦片将底瓦两侧夹拢，这种做法比徽派没有旺砖的做法要厚——徽派是直接在木椽子上铺底瓦。同时，扬州匠人盖青瓦的厚密多按二指或三指铺法，也比徽派要密。因此，扬州青瓦屋面保温效果较好，在夏季保护室内不受太阳热量的影响并在冬季减少热量的散失。

中间的庭院可以接受阳光、满足交流需求。庭院中的绿化种植、水系布置等自然空间也能够改善和调节民居内的生活环境，并且能够丰富室外空间，是室内环境和室外环境的衔接和过渡，达到人与自然的和谐，符合我国传统的天人合一的的概念。

在扬州，气候特点使得院子可以更好地采光、通风和排水，可以在一定程度上减少污染物的侵扰，以保持室内环境的清洁，营造舒适宜人的微气候。扬州传统民居的院子进深与建筑高度相差不大，再结合屋顶坡度，太阳直射时院落内阳光十分充足，白天时在室内也很亮堂，根本不需人工照明，而现代的大型公共建筑即使在白天几乎也需要全天候的人工照明，甚至连居住建筑的客厅，虽南北都有窗户采光，但因进深较大，白天仍不够明亮。

廊道是古代房屋檐口下的过道，包括房屋内的通道和室外独立的有顶的通道，还包括游廊，在连接建筑、方便行走的同时，还兼有遮阳、挡雨、休憩的功能。廊道不仅是建筑的重要组成部分，也是划分空间格局和构成建筑特色外观的重要手段，同时还可以利用风压形成自然通风，达到降温的目的。

在居民建筑中还建有"火巷"，如图 5-25 所示。"火巷"是古代建筑之间为预防火灾蔓延而留出的小弄，而扬州火巷具有鲜明的地方特色，与苏州民居中的"备弄"相似，是大户人家专用的。既方便同行，又能有效防火，细长的巷道还可以加快空气的对流。在建筑群中形成负压，诱导自然通风，起到"冷巷"的作用。火巷中一般都有水井，水井除了在火灾时方便取水外，还可收集雨水，改善小环境。

图 5-25　传统建筑中的火巷

扬州传统建筑的墙面大多数是用青砖砌筑，为"青灰勾缝断砖墙"，老扬州人美其名曰"玉带墙"。墙体一般厚 37cm，少数 42～52cm，砖之间有横平竖直不大于 4mm 的细缝，每层都错缝，墙面很光洁。墙体本身的自保温可满足现代建筑的保温要求。

据研究统计，门窗、玻璃所导致的能耗占整个建筑使用能耗的 35%～45%，所以，改善门窗性能是节能的着重点。首先是窗户的朝向，传统建筑面积最大的窗户朝南，接受阳光并可以享受被动太阳能的好处，传统的伸出式房顶在夏天也能防止太阳酷热的影响。朝北的立面一般不设窗户或者设面积小的窗户，因为无论多保温的窗户的保温效果都比不上墙。总之，扬州传统民居是以院子为中心，外围是墙，内部用廊连接，属于最基本的中国传统民居形式。

门窗的选择需遵守三个基本要求：夏季阻热，冬季保温，平时隔音。而现在通常使用的 3mm 厚的单层玻璃的导热系数为 $6.21W/(m^2 \cdot k)$，一般中空玻璃（8+10+6）导热系数可达 $3.24W/(m^2 \cdot k)$，而低辐射（Low-E）玻璃其能耗仅为一般中空玻璃的 60%左右。和传统的木制门窗相比，靠街边和庭院中的保温塑钢窗（大小比例均与传统门窗一致）装有双层且低辐射镀膜玻璃，见图 5-26。保温塑钢窗使建筑门窗朝南的面积得到了最大化，房屋内部空间在冬天也从其被动太阳能系统中获利。

图 5-26  窗户采用的节能技术

扬州传统民居地面多为方砖铺地或者木地板铺设。地砖、木地板与底层地面泥土之间形成空气腔体，之间用小瓦罐支撑。利用土壤具有蓄热特点，在腔体内形成地道风，具有冬暖夏凉的特性，对室内的环境起到很好的调节作用，并且还具有防潮的作用。

在建筑物外表面不留任何缺口进行无缝保温，建筑地基下部也要做保温。冬季保温层能减少热量散发到下层土壤。在地面上使用低温热水辐射，从下至上为：0.2m 的碎石骨料、0.15m 的聚苯乙烯保温层、炉渣、热辐射盘管和面层。辐射盘管内的热水能够在冬季辐射供热到地面，使室内温度提高。相比于东北的火炕、燃池等取暖方式，热保护降低了煤和秸秆的燃烧，从而降低了二氧化碳和二氧化硫等有害气体的排放，其中碎石骨料则起到了阻止地下水出现毛细现象的作用。

此外，优化建筑材料也是低碳建筑的重要路径之一。示范项目建筑的外表整体均用保温材料包裹，从建筑物的地基、外墙面和内墙面、屋顶坡面和门窗都安装创新的保护系统。屋顶安装厚70mm憎水岩棉保温板；内外墙体为加气自保温砌块；地基安装厚65mm发泡水泥保温板；外门窗安装断热型材和中空浅灰镀膜玻璃（6+9+6）；窗户的南向设置

以便在冬季利用太阳采暖。项目通过整体围护节能措施使示范建筑的节能标准达到 50%
以上。

　　该项目还设计了具有典型代表性的户型，如图 5-27 所示。该户型通过一个公共的入
口空间（庭院）进入每一户。建筑的结构是混凝土框架结构，与传统的结构不同，空间
可以灵活分割。每个单元庭院式的布局占地少，但能够满足采光、通风、排水等各方面
需要：都设有独立卫生间，功能使用方便。

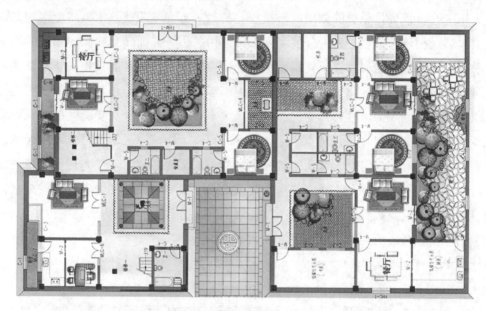

图 5-27　典型节能户型

## 5.4.3　能源供应与节能技术

　　扬州冬夏两季的温差比较大，夏季温度超过 35℃，冬季温度则在 0℃ 以下，气候过
度期比较短暂。扬州全年的湿度很大，如果夏季采用地热交换系统制冷，便会产生大量
的结露。夏季降雨量非常高，冬季普遍干燥、阳光充足，为可再生能源的被动式太阳能
利用提供了良好条件。这些因素使扬州成为冬季太阳能采暖的理想试点地。

　　首先是太阳能光伏发电系统。太阳能光伏发电系统是将太阳能转换成电能的系统，
而其过程需借助太阳能电池组件和其他辅助的设备完成。太阳能光伏发电系统通常情况
下可分为独立、并网和混合三种系统，该项目采用的是并网系统（Utility Grid Connect）。
这种系统最大的特点是通过逆变器把光伏阵列产生的直流电转换成符合市电电网要求的
交流电之后直接接入市电网络，其系统中的太阳能电池主要为交流负载提供电力，用不
完的电再返回给电网。下雨天或晚上，没有阳光不能产生电能或产生的电能满足不了要
求的时候，就由电网提供电能。通过直接把电能输入电网，不用蓄电池，减少了蓄电池

储能及释放的程序，降低了能量损耗，降低了系统的成本。

太阳能光伏并网系统可以同时使用市电和光伏组件阵列所产生的电作为本地交流负载的电源，降低了整个系统的负载缺电率，而且对公用电网起到了调峰作用。在整个运行过程中，只简单地利用太阳能产生电能，无须考虑能源供应和环境污染，无噪声，几乎不需维护，也几乎没有物质资源的损耗。把光伏板直接用在景观设计中的亭、廊架的顶部，将太阳能转变成电能。一部分所得电能可用于加热水采暖，一部分可用于照明。

太阳能热水系统将免费的太阳能转换成热能。一方面太阳能热水器将冷水加热，然后将热水通过循环管储存起来，任何时间都可取用；另一方面转化收集的阳光和辐射作为冬季采暖需要。热能通过保温材料完全包裹储存在缓存器里，防止损失能量，接着分配能量到采暖散热器中，通过散热器让建筑内部温度升高。示范项目选用的太阳能热水器是"镶嵌"在屋顶上，没有常见的三角架与大水箱，更加符合历史街区的景观要求。

设计者在这一项目中采用光导照明，又称"无电照明"，这是因为白天靠天然采光不能满足室内照度和均匀度。该系统是把建筑外部的采光装置收集的光传到系统内部，通过可 90°角转动的加长管传输后，由安装系统另一端的调节器和光学漫射设施把采集到的自然光均匀地发散到建筑内部每个需要照明的地方。这个系统得到的室内照明亮度，从早上到晚上甚至阴雨天都十分充足，如图 5-28 所示。

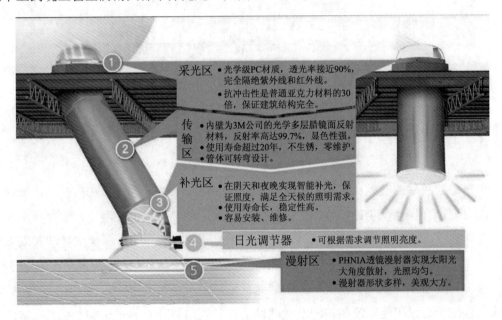

图 5-28　光导照明系统

光导照明系统是一种绿色环保的新型照明产品，出现于 20 世纪 80 年代。当前，这个系统因结构和安装都比较简单，成本不高，实际使用中效果很好等优点在国外被广泛应用。在此之前，人们通常是利用天窗采光来解决白天照明的问题，但是局部容易有聚光产生；光导照明时则不会由于光线射入角的变化而改变照明效果，且光线照射面积比较太，射出的光线分布均匀没有聚光、炫光等现象。同时，采光天窗因建筑内部吊顶结构防水较难解决，而光导照明系统不受这些影响，并可以灵活地安装，有更好的适应性。

另外，在设计中，该项目还把自然通风和自然光照明系统结合起来，使其照明效果更加完善，在给室内照明的同时，使室内保持良好的自然通风，既利于建筑节能又能改善空气质量。

地源热泵系统是利用浅层地能进行供热制冷，大地所蕴含的热能为我们提供了一个恒定安全的能量来源，利用地下土壤中巨大的蓄热蓄冷能力，地源热泵冬季将地下热量转到建筑内，夏季再把地下的冷能量移进建筑内，形成一个冷热循环。

一般的热泵系统是以水或空气运输热能到所需供热的建筑，其具体原理是在地基下埋设多支 PE 管导入外界空气，"热空气"被地下的"冷环境"吸收，空气得到冷却，通风系统将冷却的风送入房间。但如果冬天长期不使用就会结冰，会冻坏设备和管道；并且普通热泵以空气作为载体，风管要占用很大的空间，而且每个房间不可以单独调节温度。

设计者将地下埋管与变流量两种技术相结合，原本两系统各自存在的问题都得到了解决，并保持各自的优点。能效比相比较高，由此系统占用空间较小，方便使用。同时一支 PE 管下连接一口深达 80m，直径 20cm 的井。将地下水抽到地面经过热泵的交换后热能被留存下来，冷却水再通过另一口井回灌地下。由于地下水温恒定在 70℃～100℃，因此可以提供取之不尽的能量来源。这种冷热水型地源热泵系统比空气源热泵节能 40%以上，比电采暖节约 70%以上。地下埋管技术从土壤中所获得的能量，也提高了设备的工作效率。

2010 年上海世博会汉堡馆采用的余热回收新风系统的采暖热回收率在 90%，制冷回收率在 80%以上，不仅提供了良好的室内舒适度，而且降低了次能源需求。示范项目也采用了此项技术，设备主要由全热交换器、新风净化箱、进气风口、排气风口四部分组成。夏季使用全热交换时，通过交换芯体将室内污的空气排出，回收余热，然后输出清新凉爽的空气；冬季使用全热交换时，可利用室内空气中的温度，将要送入室内的室外寒冷新鲜空气预热，以保证室内空气清新、湿度平稳，同时提高室内舒适度，避免能量损失。这样，无论在冬季还是夏季，都保证了室内空气的新鲜，且避免了热量损失，提高了室内空间的热舒适度以及室内环境的质量。

面对扬州夏季的高温天气，项目在建设时采用了低耗能和天然的降温措施。与建筑外部空气相比，喷雾降温（见图 5-29）的效率较高。按计算来说，1g 水能让 1m³ 大气减 2℃，其消耗的是阻碍水表面的张力加大而需要的能量，通过更专业的计算，喷雾降温最高能效比能有 5 万，但是我们平时用的空调由于被热力学定律所约束，从 20℃降到 5℃的理论最高能效比仅有 60。喷雾降温系统通过散发到空气中的水微粒吸收环境热量汽化，实现降低局部环境的温度，达到防暑降温的目的。雾的保湿功能兼具绿化的养护和生长，又可以轻盈飘渺，浩浩漫漫，独自成景；还可结合水、假山、植物和照明等多种元素而显示各种形态，相得益彰。

图 5-29　喷雾降温

　　绿化植物在调节温度湿度、净化空气尘霾、降噪抗污染及软化建筑环境方面具有不可忽视的作用，其原理为绿色植物蒸发会有很多水分排出，水到空气中也会蒸发，会带走热量。根据联合国一项调查显示：如果一个城市的屋顶绿化率达到70%，城市上空的二氧化碳含量就会下降50%。日本东京2001年开始实施一项法律，面积在$1000m^2$以上的建筑物的所有者都必须在其屋顶上栽种草坪或其他绿色植物。在城市的热岛环境中，如果地面能有更多的水分和绿化植物，那么蒸发作用会使空气得到冷却，从而使温度降低。常用立体绿化的方式有庭院绿化、屋顶绿化、阳台绿化、墙面绿化、架空层绿化等。

　　实践证明，有屋顶花园的建筑与普通建筑相比，室内温度相差50℃左右，尤其在夏季，屋顶、西墙立面的绿化具有良好的防晒隔热性能，能有效地削减太阳的辐射热量，使围护墙体的外表温度显著降低，最终减少建筑内的能耗需求。但屋顶绿化的基本条件是屋顶的承重和防渗等必须得到保障，使其具有保温隔热功能的同时，不必担心室外的冷热空气随光线侵入。而直接、间接降温效应会随绿化的绿量和植被层次增加而增加。老城区因街巷地理的限制，绿化空间面积原本就少，在设计工程中便采用立体绿化方式来提高绿化面积，包括结合地面绿化以及屋顶绿化等，部分巷道中用花架廊的形式补充绿化遮阳降温[10]。

## 5.4.4　资源优化配置与利用

对雨水收集利用是衡量可持续低碳社区一项重要标志。雨水收集系统是对雨水进行收集、储存、利用、满溢时回渗地下，通过这样的过程既增加了水资源，减少自来水的耗用，又减轻了市政管网的排水压力，使水资源、水环境得以改善，生态系统得以修复。

屋面、道路和绿地汇流是社区雨水主要的三种形式。地面径流雨水水质不是很好，不适合使用；绿地径流雨水主要以渗透为主，但能收集到的雨水总量非常有限，所以只有屋面雨水相对方便收集和利用。

建筑屋面雨水收集是用檐下长方形雨水收集器（内部装有净化装置）收集雨水，然后通过落水管存入储水箱。一般家庭型储水容器的尺寸为高 3m、直径超 2m、体积约 8 000L 的专用集水缸，半埋在花园地下。储水箱有 3 个管道口（注入管道、满溢管道、直通机房管道），从机房输出通常也设有 3 个出水口（接入冲厕所用，接入户外花园洗车用，也可接入洗衣房），前两项接口最为常见，也最为重要。

同时，为了保证雨水水质，建筑屋顶需采用适当的材料；为不让雨水滞留，屋面和顶棚的地方应该减少落叶、碎屑等杂物滞留；屋面要有足够坡度的排水沟来排水，并需要按时维护和打扫，防止排水沟被堵；落水管接入储水设施的部分应该设有水平的管段、上升的管段以及弯曲的管段。排水沟进落水管的进口处还需设置滤网或过滤器，防止树叶和碎屑进入。

地面部分雨水由路面汇入明渠，经过滤井流进储水箱和地下雨水管网，如图 5-30 所示。这部分地面雨水杂质较多，污染物源也比较复杂。主要做法有以下几个。

- ❑ 透水性：铺装机动车路面使用青石板、梯形截面铺砌，以便雨水往下渗透；非机动车路面使用卵石、梯形青砖（铺设地面砖时将梯形砖的大面朝上，空隙不用灰浆勾缝，既适于雨水流淌，又可拦截雨水，回补地下），以便抵挡雨水，使得雨水渗补青砖以下的土壤，补充土壤的水分。
- ❑ 找坡汇水：路面通过合适的找坡坡度保证雨水的汇集。
- ❑ 明沟排水渠：沿建筑的外墙边、街巷两边以及绿化镶边的周围设置 10～12cm 的明排水沟。
- ❑ 绿地：将美化环境景观的花圃绿地与景观水池设计为下凹式节水型，其固碳释氧能力比普通绿地高 20%，自身需浇灌用水也明显小于普通绿地，下凹式的景观池更是雨水收集的直接装置。
- ❑ 水池：除了作为景观水池，也可用于地面雨水的汇集，然后通过净化设备净化后供园林灌溉、雾喷用水和室内等地方使用。

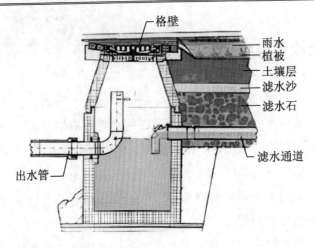

格壁

雨水
植被
土壤层
滤水沙
滤水石

滤水通道

出水管

图 5-30　雨水过滤系统

有时，雨水经过净化装置净化后可直接使用。雨水直接利用的净化系统工艺主要根据径流雨水的水质、水量及其处理后的用途而定。绿化、冲刷、清洗道路、消防、洗车等用水应符合《城市污水再生利用——城市杂用水水质》，景观环境用水符合《城市污水再生利用——景观环境用水水质》的要求。直接使用的雨水可用于社区绿化，冲洗社区的路面和广场、洗车，补充社区内水景的水等，有条件的时候还可作为冷却循环，冲洗卫生间及社区消防等补充用水。雨水直接利用方式可以是单体建筑利用系统，也可以是社区雨水利用系统。

此外，项目采用雨水收集与同层排水雨水收集系统对雨水进行收集、储存、利用、满溢时使之回渗地下。通过这样的过程能够做到既增加水资源，减少自来水的耗用，又减轻市政管网的排水压力，使水资源、水环境得以改善，生态系统得以修复。所以，对雨水收集利用是衡量可持续低碳社区一项重要指标。同层排水是将本层的排水横支管安装在本层的平面上，并与楼层主排水管连接，而不是将本层的排水安装在下层的顶棚上，一旦需要清理疏通或改造更换，只需在本层卫生间进行作业即可，对下层住户全无影响。这一项目的施工简洁安全，维修改造方便，同时，也可以降低楼层间漏水的风险。

## 5.4.5　交通模式规划

随着汽车保有量的不断增长与道路交通之间不可调和的矛盾不断加剧，在各个城市中由交通产生的环境问题越来越为人们所关注。汽车尤其是私人机动车数量的增加不仅是 $CO_2$ 排放量增长最为迅速的来源，还是低空臭氧污染、酸雨以及致癌微粒等的罪魁祸首。在建设低碳社区的大背景下，交通的低碳型发展不容忽视。因此，该项目在建设中采取了一定的措施，限制机动车通行，提倡低碳出行。

在道路建设中，社区路网采用开放式布局，在"顺而不穿，通而不畅"的基础上规划四级道路，设置独立的自行车通道，完成车行道与自行车道、人行道的分离。严格控制外来私人机动车进入小区，严格控制本社区私人机动车的可达性。同时完成原有机动车道的改造，采用透水砖、汀步石、青石板、植草砖等环保型路面材料取代原有刚性路面材料，使道路更适合满足人们的步行需要和环境的可持续发展要求。

低碳出行鼓励使用自行车，这必然带来自行车的停放问题。设计时考虑与立体绿化结合等方式，不仅满足了自行车的停放，同时也带来了更多的绿化空间，真正地实现了低碳。

## 5.4.6　社区建设管理

在社区的管理上，该项目雇佣专业团队进行精细化、智慧化综合治理服务。以空间布局为抓手，反复研究居民出行路线，主动与街道相关工作人员和居民沟通，重新划定非机动车停车线，并动员居民规范、有序停放。

在核心基础平台的支撑下，基于基础数据库、预案库、历史数据库、现场实时态势等数据，构建"以数据信息为基础、以指挥调度为核心、以决策指挥为目标"的视频监控中心。实地调研街区垃圾产生高峰地带，对街区移动垃圾集中摆放，定点冲洗（厨余垃圾实行 A、B 桶清理），街区内公共厕所实行专人负责，专人循环打扫。

"历史环境是城市发展精华的积淀，是人们长期生存活动的场所和环境，是物化了的城市历史和文化，蕴藏着丰富的文化内涵和精神财富"。民居建筑的生态营造，必须融入当地的历史和地域环境，实现将低碳建筑"生长"在生态环境的理想，具体的做法是引入适宜的低碳理念，倡导低碳生活方式，培育低碳社区文化，合理运用低碳技术对地域内的居民生活和环境质量进行保护与提升。而历史环境中新建筑设计应自觉融入城市整体风貌和所在街区尺度，积极创造社区原生态的生活空间和交往模式[11]。

李允鉌先生在《华夏意匠》中指出："为传统而去继承是一个失败的经验，离开传统而去盲目地创造，也是一个失败的经验。"而示范项目仅止于示范，绝非是一个成功的经验，示范项目的实质是引导居民主动进入一个"践行—推广—完善低碳生活"的循环过程。日本建筑中心在《建筑要项》一书中提出生态技术有 55 种，环境共生的建筑技术有 77 种。由此可见，低碳生态建筑不应是一种示范模式、一款技术套路，而应符合当地自然、社会、经济、资源等条件，其技术组合及形式也应随实际的条件、环境的变化而变化，并以降低环境负荷作为评价和取舍各方利益的最终依据。

# 5.5　小　　结

通过对国外低碳社区建设实例的分析，我们可以看出他们自身的特殊性。贝丁顿低碳社区的经验表明，资本合作、绿色生活方式及社区观念是保证可持续发展的基础之一；技术的运用则无法脱开成本的考量，且与工人的技术专业度高度相关，如果要形成可持续的发展，更需要行业规范的变革及相应产业链的供应；同时，可持续社区的实现也需要持续的努力，以适应不断变化的文化观念和生活方式。德国弗莱堡沃邦社区拥有大面积森林和太阳能资源，使区域更易实现零碳排放。

而中国经历了高度压缩的城市化进程，在观念、技术、管理等各方面都需要寻找适应性的方法。目前国内建设的百步亭与南河下等低碳社区，虽然也取得了一些成绩与可圈可点之处，但仍存在许多问题。首先是低碳观念浅薄，公众参与度较低。其次是包括智能生态节能住宅、资源循环和处理技术、清洁能源生产和利用技术、节能建筑技术等低碳技术的创新和推广。最后是低碳政策与标准体系的建立。

因此，在将国外低碳社区建设的经验应用到我们国家的建设中时，应该充分注意到国外低碳社区建设中的符合其当地特色的条件以及当地政府根据自身需要采取的相应措施，不能将其视为一般性的经验推广到国内低碳社区的建设中。在我国自身的低碳社区建设中，我们应该学习的是国外的理念和相关技术的使用，同时结合我国各地的自身地域特色进行合适的规划建设。低碳社区作为低碳城市建设的基础，必将成为未来的主流居住形式。低碳社区建设是一项系统工程，技术、规划、制度和社区管理多方全面协调，才能建设真正可持续的生态低碳社区。

# 习　题

1. 简述英国贝丁顿低碳社区的项目背景和主要特点。

2. 德国弗莱堡沃邦社区在能源供应与节能技术方面有哪些独特之处？

3. 武汉百步亭低碳社区在资源优化配置与利用方面有哪些创新之处？

4. 扬州南河下低碳社区的建筑设计布局有哪些特点？为什么说这种布局有助于实现低碳目标？

5. 从上述4个智慧低碳社区中任选一个，对其交通模式规划策略进行简单介绍。

6. 从上述4个智慧低碳社区中任选一个，简述其管理措施和这些措施对社区可持续发展的意义。

7. 上述4个社区被认为是智慧低碳社区的先驱，为什么？它们的成功经验对其他社区有何启示？

8. 上述4个智慧低碳社区取得了哪些成就？

9. 为什么智慧低碳社区项目实践需要从多个方面进行分析？这种综合分析对未来类似项目的实施有哪些指导意义？

10. 你认为智慧低碳社区项目实践中最关键的成功因素是什么？

# 参 考 文 献

[1] 王舒媛，周静敏. 贝丁顿零碳生态社区可持续设计理念及策略[J]. 住宅科技，2022，42（5）：58-63.

[2] ZEDfactory，朱晓琳. 贝丁顿零碳社区[J]. 建筑技艺，2011（Z5）：146-151.

[3] 郑伊天. 探究低碳经济的理论基础及发展理念——以英国贝丁顿低碳社区建设为例[J]. 低碳世界，2016（32）：233-234.

[4] 王淑佳，唐淑慧，孔伟. 国外低碳社区建设经验及对中国的启示——以英国贝丁顿社区为例[J]. 河北北方学院学报（社会科学版），2014，30（03）：57-63.

[5] 陈炜，吴卓珈，虞焕新等. 德国弗莱堡沃邦城区建设的可持续发展理念研究[J]. 建筑与文化，2018（07）：85-87.

[6] 尹利欣，张铭远. 国外生态社区营造策略解析——以德国弗莱堡沃邦社区、丹麦太阳风社区为例[J]. 城市住宅，2020，27（05）：24-26.

[7] 王晗. 武汉市百步亭智慧社区建设研究[D]. 武汉：中南民族大学，2020.

[8] 刘琪，李子凌. 武汉百步亭低碳社区调查比较分析[J]. 湖北经济学院学报（人文社会科学版），2015，12（01）：17-19.

[9] 金蕾. 历史文化名城保护中的低碳社区理念实践——以扬州南河下老城区低碳社区为例[D]. 南京：东南大学，2014.

[10] 王静，许世源，沈翔. 扬州近现代传统民居特色研究——以南河下街区为例[J]. 小城镇建设，2016（01）：90-94.

[11] 潘梦琳，杉山和一，何恬. 低碳技术在民居建筑中的运用研究——以扬州南河下低碳示范区为例[J]. 中国名城，2015（7）：37-44.

# 第6章　智慧低碳社区的标准化

在智慧低碳社区的标准化构建中,智慧低碳社区标准体系是重点。本章重点介绍智慧低碳社区标准体系的构建和重点标准的建立,强调其在建立智慧低碳社区中的关键作用。本章首先介绍智慧低碳社区标准体系的研究重点和需求,其次研究建立智慧低碳社区的重点标准,最后通过深入探讨以上内容,总结智慧低碳社区未来的标准布局。

## 6.1　智慧低碳社区的标准体系

作为智慧低碳城市最小的"细胞",智慧低碳社区的建设解决社区居民的需求和痛点,倡导简约适度、绿色智慧低碳和文明健康的生活理念,利用互联网、物联网等技术,促进社区节能节水、绿化环卫、设施维护、停车管理等工作,营造社区宜居环境。

"标准体系"是指一定范围内的标准按其内存联系形成的科学的有机整体,用于实现特定功能或目标。标准体系包含标准体系结构图、标准明细表等元素。标准体系在现代项目、行业合作中起着协作、配合的技术依据作用,促进各方按照约定规范进行合作,实现统一标准、规格、方法等。《国家标准化发展纲要》为推动标准化工作提出了总体要求、重点任务和措施,促进构建推动高质量发展的标准体系。智慧低碳社区标准体系是通过一系列措施、规划对策、新型技术、创新型理念和管理模式等,旨在使社区实现低碳排放的新型社区模式。构建标准体系有几个基本原则,如图6-1所示。

首先,城市综合能源智慧物联标准体系是一项庞大的标准系统,必须科学统筹各领域、各行业的相关标准。科学性是标准化的基本原则,因此城市综合能源智慧物联标准体系首先要遵循的就是这一原则,必须以城市综合能源工作的总体思想以及所涉及的社会经济活动性质为主要思路和科学依据。在行业或门类间存在交叉的情况下,应服从整体需要,进行科学组织和划分。城市综合能源智慧物联标准体系应按照综合能源标准化工作的总体要求区分标准的共性和个性特征,恰当地将标准安排在不同层次上,做到层次分明、合理,标准之间体现出衔接、配套的关系。

其次,标准具有继承性和被继承性,因此制定标准、构建标准体系时应充分考虑对已有标准的继承性和后续标准的可继承性。在国家、行业、团体及地方现有的能源相关标准体系和已发布的国家、行业及地方标准的基础上，建设城市综合能源智慧物联标准体系。本标准体系的构建，是在充分考虑智能电网、生物质能、分布式电源等相关标准体系的基础上完成的。

实用性原则强调标准体系力求做到协调配合、结构优化、分类明确、层次清晰，便于查找和具体实施。通过分析各类能源领域现有标准、制定标准计划、提炼技术领域的重点标准系列和具体标准，确定城市综合能源智慧物联标准体系，构建重点行动计划，保证标准体系在各相关领域的适用。

国际接轨原则要求城市综合能源智慧物联标准体系的构建应立足于中国国情，并与国际接轨。积极关注国际能源综合服务标准化最新动态，积极参与国际交流合作，在国际标准化活动中充分汲取先进经验，始终保持标准的先进性，让中国标准与国际标准协调一致，积极与 ISO、IEC、ITU、IEEE 等国际标准化组织和机构进行协调，并走向国际化。

最后，能源技术的不断发展要求能源标准与时俱进。城市综合能源智慧物联标准体系的构建需保持动态开放的原则，充分考虑其扩展性和发展性，根据城市综合能源标准化工作的需要进行体系框架的及时调整和完善，使其有助于支撑综合能源管理和推广等工作的开展，满足城市综合能源标准化工作的与时俱进需求。

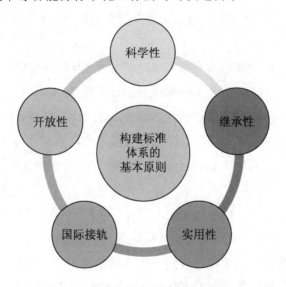

图 6-1　构建标准体系的基本原则

我国《低碳社区试点建设指南》把城市社区分为城市新建社区和城市既有社区两个类别，建立起包括一级指标和二级指标的低碳社区试点建设指标体系。该指标性质分为约束性和引导性两种类型，并给出目标参考值，更加具有实用性。这对我国低碳社区评价体系的建立具有开创性意义。智慧低碳社区建设涉及多个方面，包括能源利用、环境保护、智能化技术等，因此智慧低碳社区标准体系涉及多个标准体系。随着"碳达峰"

和"碳中和"成为国家的重要发展目标，社会对全面绿色转型的需求日益增加。构建智慧低碳社区标准体系可以为社区提供科学的、可行的绿色发展规划和实施路径。智慧低碳社区标准体系的建设促进了绿色技术的创新。通过标准的制定，社区将更积极地采用新技术，如大数据、AI 等，以提高能源效率、降低碳排放。智慧低碳社区标准体系以降碳为重点战略方向，通过协同减污降碳，实现经济和社会的协同增效。标准体系将规范社区内的能源使用、排放管理等，达到全面减碳的效果。标准体系的建设有助于引导社区居民更积极地参与到低碳生活中。例如，建立基于大数据和 AI 支撑的碳管理系统，可以通过可视化的方式引导居民采取低碳生产生活模式和行为习惯。构建智慧低碳社区标准体系有助于绿化社区环境。通过智能监控系统、智能垃圾分类等手段，可以实现对社区绿化环卫的精细化管理，提高社区美观度和宜居性。智慧低碳社区标准体系将水资源的节约和管理纳入考虑，推动社区减少公共用水，利用非传统水源进行节约。这有助于缓解水资源压力，实现可持续水资源利用。为了推动社区朝着可持续、绿色、低碳的方向发展，实现碳中和目标，提高社区居民的生活质量，以及适应国家碳减排政策和全球环保潮流，亟需制定智慧低碳社区标准体系。构建智慧低碳社区标准体系时需要考虑全面，智慧低碳社区标准体系的主要特点和要素有基础框架、构成要素和适用范围。

智慧低碳社区标准体系的基础框架以低碳社区和近零碳社区的实践为基础，按照绿色低碳、生态环保等要求建立基础框架。建立智慧低碳社区标准体系的基础框架需要考虑以下几个方面。

❑ 社区规划与设计：制定智慧低碳社区规划的标准，包括社区布局、建筑设计、绿化规划等，以确保社区在整体规划上具有智慧和低碳特征。

❑ 能源管理与效率：制定能源管理的标准，包括可再生能源的利用、能源效率的提升、智能化能源监控等，以降低碳排放并实现可持续能源利用。

❑ 环境保护与资源循环：制定环境管理标准，包括废物处理、水资源管理、空气质量控制等，以保护社区生态环境，并促进资源的循环利用。

❑ 智能技术应用：制定智能技术应用标准，包括物联网、大数据、AI 等技术在社区管理、能源控制、安全监测等方面的应用，以提升社区的智慧化水平。

❑ 社区参与与教育：制定标准促进社区居民的参与和教育，包括碳中和理念的宣传、居民行为的引导，以形成全社区的低碳生活方式。

❑ 监测与评估体系：建立智慧低碳社区的监测与评估体系标准，包括建立碳排放监测体系、社区可持续性评估等，以实现对社区发展状况的动态监测和评估。

智慧低碳社区由智慧低碳细胞、智慧低碳单元和智慧低碳场景三个部分构成，分别通过居民、社区空间、社区与外部资源环境的三种维度对社区的建设路径做出详细设计。要构建智慧低碳社区标准体系的构成要素，可以参考广东省低碳产业技术协会发布的《零碳社区建设与评价指南》。该标准以低碳社区、近零碳社区的建设实践为基础，按照绿色低碳、生态环保等要求，为社区实现零碳发展提供基础框架。该标准提出零碳社区建设路径包含激活零碳细胞、构建零碳单元和打造零碳场景三个方面，如图 6-2 所示。因此，智慧低碳社区的构成要素包括以下几个方面。

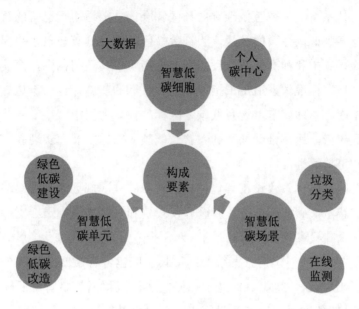

图 6-2　智慧低碳社区构成要素

❑ 智慧低碳细胞：智慧低碳细胞可以重新定义人与碳的关系，提升个人对智慧低碳生活的接受度。具体措施包括建立基于大数据和 AI 支撑的个人碳中心，对居民的碳足迹、碳账户、碳管理、绿色出行等进行碳账本管理。

❑ 构建智慧低碳单元：智慧低碳社区由智慧低碳细胞、智慧低碳单元和智慧低碳场景三部分构成。构建智慧低碳单元涉及社区的建筑、资源、出行、公共设施、环保五大领域的绿色低碳建设与改造。

❑ 打造智慧低碳场景：社区通过建立能源监测系统，智能化管理垃圾分类、绿化环卫等，实现社区能耗在线监测和动态分析。智慧低碳社区还通过智能监控系统提醒制止不文明的行为，守护社区的环境卫生。

❑ 参考标准：广东省低碳产业技术协会发布的《零碳社区建设与评价指南》成为参考标准，为城市新建社区、城市既有社区零碳建设、零碳改造提供了指南。

❑ 法规与政策遵循：确保智慧低碳社区标准符合相关法规和政策，推动社区建设与国家、地方政策保持一致，提高标准的合规性和实施力度。

通过以上要素的构建，可以建立智慧低碳社区标准体系的基础框架，促进社区朝着绿色、智慧、低碳的方向发展。

智慧低碳社区标准体系适用范围主要涵盖城市智慧低碳社区建设和既有社区的智慧低碳改造。这一标准体系主要以《低碳社区评价技术导则》为基础，规定了智慧低碳社区评价的基本要求、评价指标体系、评价方法和评价程序。适用于社区居民委员会和农村村民委员会所辖居民社区进行的低碳评价工作。具体而言，该标准体系囊括智慧低碳社区的评价和评价体系分级原则、空间信息技术支撑下的智慧低碳社区评价体系、智慧低碳社区指标体系量化和智慧低碳宜居社区综合评估。适用于已有的智慧低碳试点社区以及即将实行智慧低碳建设的社区，为评价社区的智慧低碳建设水平提供了指导。此外，有关碳达峰、碳中和标准体系建设的指南也指明了其适用范围，涵盖碳达峰、碳中和的相关标准。这些标准体系适用于指导碳中和目标的实施，包括碳达峰、碳中和的标准体系建设和指南。总体而言，智慧低碳社区标准体系适用于城市零碳社区的新建以及已有社区的零碳改造，旨在推动社区朝着智慧低碳的方向发展，实现碳中和目标，提升社区的宜居性和可持续性。

智慧低碳社区标准体系建设工具包包括智慧低碳社区规划建设方案编制、智慧低碳社区建设工具、智慧低碳社区标准、新区开发投资和社区居民委员会支持、社区调研工具和智慧低碳社区建设参考标准等。

- ❑ 智慧低碳社区规划建设方案编制：工具包应包含智慧低碳社区规划建设方案的编制流程和方法，包括社区选取原则、实施流程图等。智慧低碳社区选取时需考虑地域特色文化、城市建设特点，并确保社区管理主体明确，符合城市总体规划和土地利用规划。

- ❑ 智慧低碳社区建设工具：工具包中应包括具体的智慧低碳社区建设工具，涵盖绿色建筑、分布式可再生能源设施、智慧管理体系等方面。这些工具可用于降低社区的外部能源消耗，通过居民绿色消费、公交出行、垃圾分类处理等低碳生活方式实现社区的低碳排放。

- ❑ 智慧低碳社区标准：工具包中应包含智慧低碳社区标准，为社区实现智慧低碳发展提供基础框架。标准应明确智慧低碳社区的构成，包括智慧低碳细胞、智慧低碳单元和智慧低碳场景，并通过居民、社区空间、社区与外部资源环境等维度对社区的建设路径进行详细设计。

- ❑ 新区开发投资和社区居民委员会支持：工具包中需要涉及新区开发投资主体、社区居民委员会等实施单位的支持。这些单位在低碳社区试点建设中起着具体实施的作用，协助新区管委会、街道办事处和乡镇政府等相关部门，做好社区低碳制度的建立。

- ❑ 社区调研工具：工具包中应包括社区调研工具，用于关注与绿色低碳建设相关的外部因素和内部因素。调研工具可帮助识别社区所处的环境和文化，确定社区建设的利益相关方，从而明确社区绿色低碳建设的基本条件。

- ❑ 智慧低碳社区建设参考标准：工具包中需要提供智慧低碳社区建设参考标准，如广东省低碳产业技术协会发布的国内首个《零碳社区建设与评价指南》。该标准以低碳社区、近零碳社区的建设实践为基础，按照绿色低碳、生态环保等要求，为社区实现零碳发展提供基础框架，为城市新建社区、城市既有社区零碳建设、零碳改造提供指南。

智慧低碳社区标准体系建设的关键步骤包括以下三个方面，见图 6-3。

- □ 激活智慧低碳细胞：社区应通过激活智慧低碳细胞重新定义人与碳的关系，提升个人对智慧低碳生活的接受度，引导居民选择智慧低碳生活方式。具体步骤包括：建立基于大数据和 AI 支撑的个人碳中心，对居民的碳足迹、碳账户、碳管理、绿色出行等进行碳账本管理。将碳数据可视化，开发碳积分、碳商城，引导居民积极参与社区

图 6-3　智慧低碳社区标准体系建设的关键步骤

活动，促使低碳生产和生活模式的形成。综合考虑社区居民的生活习惯和对低碳技术、产品的接受程度。充分考虑边缘化群体、低收入人群的需求，为社区内所有居民提供真正公平的减碳解决方案。在智慧低碳社区规划设计时，将为居民提供舒适、便捷、美观的生活作为出发点。

- □ 改造智慧低碳单元：针对社区内的智慧低碳单元进行改造，实现碳排放的最小化。具体实施措施包括：供暖调试、海水源热泵改造、太阳能光伏维护等工作，以实现社区的 $CO_2$ 减排目标。分析社区能源消耗，制定节能减耗的措施方案，重点关注水电能源的节约利用。利用太阳能、风能、地热能、地表水能等可再生能源，进行资源规划。

- □ 智慧低碳社区建设：将智慧低碳社区打造成智慧低碳城市的最小细胞，通过互联网、物联网等技术促进社区节能、绿化、环卫、设施维护、停车管理等工作，创造宜居环境。进行整体分析，制定节能减耗的措施方案，考虑社区居民的需求和痛点，倡导绿色低碳和文明健康的生活理念。

综合上述，建立碳中心、激活智慧低碳细胞、改造智慧低碳单元和智慧低碳社区建设是智慧低碳社区标准体系建设的关键步骤，涵盖个人层面的碳管理、社区能源的改造以及社区智慧化建设等方面，全面推动社区向智慧低碳发展。制定智慧低碳社区标准体系如图 6-4 所示。

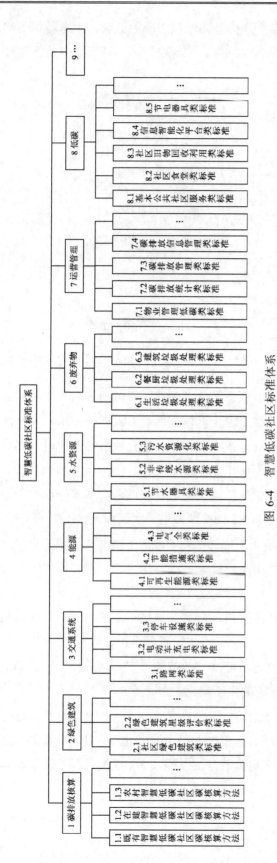

图 6-4　智慧低碳社区标准体系

# 6.2　智慧低碳社区的重点标准

虽然我国在智慧低碳社区方面还没有出台相关标准，但是在一些相似领域已经有了一定标准基础可供借鉴。目前我国有低碳社区相关标准 3 个，智慧社区相关标准 40 个，碳排放相关标准 14 个，建筑类相关标准 9 个；其中国标 2 个，行标 3 个，团标 28 个，地标 30 个，国际标准 3 个，如表 6-1 所示，标准分布占比如图 6-5 所示。在这些标准中，关注的重点主要涵盖社区的绿色可持续发展、碳中和目标的实现以及智慧社区建设。

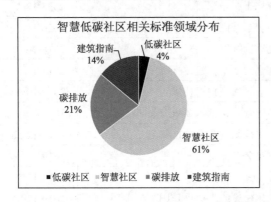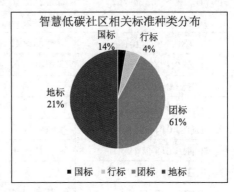

图 6-5　智慧低碳社区相关标准分布

其中，社区的绿色可持续发展被强调为城市经济、社会、文化和环境的基本结构单元和功能载体，对推进城市低碳发展至关重要。标准涉及的内容包括社区的规划设计、产业经济的升级转型、碳中和目标的实现等。此外，标准还关注智慧社区的建设，将物联网、AI 等智慧技术应用于社区管理和运营。具体来说，智慧社区的建设包括建立基于大数据和 AI 支撑的个人碳中心、将碳数据可视化、开发碳积分和碳商城等措施，以引导居民积极参与社区碳活动，实现居民个体零碳。总体而言，虽然我国目前还没有专门的智慧低碳社区标准，但可以从已有的低碳社区和智慧社区相关标准中汲取经验，促进未来社区的绿色发展和碳中和目标的实现。

表 6-1　智慧低碳城市相关标准表

| | 标准号 | 标准名称 | 发布日期 |
|---|---|---|---|
| 国标 | GB/T 42455.1-2023 | 智慧城市　建筑及居住区　第1部分:智慧社区信息系统技术要求 | 2023/3/17 |
| | GB/T 51366-2019 | 建筑碳排放计算标准 | 2019/4/9 |
| 行标 | YD/T 4437-2023 | 智慧社区　需求与场景 | 2023/7/28 |
| | YD/T 4438-2023 | 智慧社区　综合服务平台技术要求 | 2023/7/28 |
| | CECS 374-2014 | 建筑碳排放计量标准 | 2014/7/25 |

| | 标 准 号 | 标 准 名 称 | 发 布 日 期 |
|---|---|---|---|
| 团标 | T/CESA 1062-2019 | 物联网 面向智慧社区燃气应用的物联网系统指标分级与评价 | 2019/10/20 |
| | T/CESA 1133-2021 | 物联网 智慧社区基础数据采集 | 2021/1/26 |
| | T/CESA 1134-2021 | 智慧社区智能化水平评价指标 | 2021/3/25 |
| | T/CESA 1135-2021 | 智慧社区智能化水平评价方法 | 2021/3/25 |
| | T/CESA 1136-2021 | 智慧社区设备设施安全风险评价指标体系 | 2021/3/25 |
| | T/CESA 1137-2021 | 智慧社区设备设施安全风险监测方法 | 2021/3/25 |
| | T/CASMES 37-2022 | 智慧社区 公共安全 安全技术防范建设规范 | 2022/6/22 |
| | T/CECS 10326-2023 | 智慧社区大数据平台技术要求 | 2023/12/1 |
| | T/CA 010-2020 | 基于物联网的智慧社区云平台 总体技术要求 | 2020/11/9 |
| | T/ZSPH 002-2018 | 智慧社区建设评价标准 | 2018/10/30 |
| | T/ZSPH 0002-2016 | 智慧社区及家庭网络平台建设标准 | 2016/11/1 |
| | T/HSJ 008-2017 | 智慧社区业务信息模型技术要求 | 2017/10/12 |
| | T/HSJ 009-2017 | 智慧社区业务运营系统技术要求 | 2017/10/12 |
| | T/HSJ 014-2019 | 智慧社区安全防范系统数据接口规范 | 2019/12/26 |
| | T/HSJ 015-2019 | 智慧社区人员实名认证及出入管理规范 | 2019/12/26 |
| | T/HSJ 016-2019 | 智慧社区业务汇聚平台接口技术规范 | 2019/12/26 |
| | T/HSJ 017-2019 | 智慧社区信息化建设验收评价导则 | 2019/12/26 |
| | T/HSJ 021-2020 | 智慧社区 室内综合信息总线通用规范 | 2020/12/30 |
| | T/HSJ 022-2020 | 智慧社区消防社会化服务通用规范 | 2020/12/30 |
| | T/WSJ 006-2020 | 智慧社区安全防范系统数据接口规范 | 2020/6/20 |
| | T/WSJ 007-2020 | 智慧社区人员实名认证及出入管理规范 | 2020/6/20 |
| | T/WSJ 008-2020 | 智慧社区业务汇聚平台接口技术规范 | 2020/6/20 |
| | T/WSJ 009-2020 | 智慧社区信息化建设验收评价导则 | 2020/6/20 |
| | T/GDLC 001-2019 | 低碳宜居社区评价标准 | 2019/7/9 |
| | T/ZS 0245-2021 | 建筑物低碳建造评价导则 | 2021/12/25 |
| | T/ZSPH 04-2021 | 智慧建筑节能低碳运行评价标准 | 2021/12/29 |
| | T/CECS 1082-2022 | 智慧建筑评价标准 | 2022/6/10 |
| | T/CABEE 001-2021 | 智慧建筑运维信息模型应用技术要求 | 2021/1/13 |
| 地标 | DB3301/T 0291-2019 | 智慧社区综合信息服务平台管理规范 | 2019/9/20 |
| | DB34/T 3506-2019 | 智慧社区 建设指南 | 2019/12/25 |
| | DB34/T 3699-2020 | 智慧社区 公共安全 安全技术防范建设规范 | 2020/11/27 |
| | DB34/T 3820-2021 | 智慧社区 公共安全数据采集规范 | 2021/1/25 |
| | DB34/T 3821-2021 | 智慧社区 公共安全数据交换与共享 | 2021/1/25 |
| | DB34/T 4030-2021 | 智慧社区居家养老服务模式建设规范 | 2021/9/30 |
| | DB3401/T 285-2022 | 智慧社区数据服务规范 | 2022/11/3 |
| | DB42/T 1226-2016 | 智慧社区 智慧家庭设施设备通用规范 | 2016/11/16 |

续表

| | 标准号 | 标准名称 | 发布日期 |
|---|---|---|---|
| 地标 | DB42/T 1320-2017 | 智慧社区 智慧家庭业务接入管理通用规范 | 2017/11/29 |
| | DB42/T 1499-2019 | 智慧社区 智慧家庭入户设备通信及控制总线通用技术要求 | 2019/3/28 |
| | DB42/T 1554-2020 | 智慧社区工程设计与验收规范 | 2020/7/3 |
| | DB42/T 1570-2020 | 智慧社区智慧家庭设备设施编码规则 | 2020/9/2 |
| | DB4206/T 29-2021 | 智慧社区建设规范 | 2021/2/5 |
| | DB43/T 2282-2022 | 智慧社区健身中心建设与运营管理规范 | 2022/1/29 |
| | DB11/T 1371-2016 | 低碳社区评价技术导则 | 2016/12/21 |
| | DB11/T 1532-2018 | 社区低碳运行管理通则 | 2018/6/14 |
| | DB44/T 1941-2016 | 产品碳排放评价技术通则 | 2016/12/2 |
| | DB44/T 1944-2016 | 碳排放管理体系 要求及使用指南 | 2016/12/2 |
| | DB11/T 1419-2017 | 通用用能设备碳排放评价技术规范 | 2017/6/28 |
| | DB11/T 1539-2018 | 商场、超市碳排放管理规范 | 2018/6/14 |
| | DB11/T 1558-2018 | 碳排放管理体系建设实施效果评价指南 | 2018/9/28 |
| | DB11/T 1559-2018 | 碳排放管理体系实施指南 | 2018/9/28 |
| | DB3308/T 098-2021 | 建筑领域碳账户碳排放核算与评价指南 | 2021/12/30 |
| | DB41/T 1710-2018 | 二氧化碳排放信息报告通则 | 2018/11/12 |
| | DB35/T 2000-2021 | 碳排放数据公共平台数据传输协议 | 2021/8/17 |
| | DB11/T 1420-2017 | 低碳建筑（运行）评价技术导则 | 2017/6/28 |
| | DB11/T 1534-2018 | 建筑低碳运行管理通则 | 2018/6/14 |
| | DB3705/T 3-2021 | 城市社区建设指南 | 2021/9/10 |
| | DB53/T 316-2010 | 和谐社区建设指南 机构建设 | 2010/7/16 |
| | DB3209/T 1219-2022 | 乡村振兴 新型农村社区建设指南 | 2022/12/2 |
| 国际标准 | ISO 14067-2018 | Carbon footprint of products - Requirements and guidelines for quantification (First Edition) | 2018/8/1 |
| | ISO 16745-1-2017 | Sustainability in buildings and civil engineering works - Carbon metric of an existing building during use stage - Part 1: Calculation, reporting and communication (First Edition) | |
| | ISO 16745-2-2017 | Sustainability in buildings and civil engineering works - Carbon metric of an existing building during use stage - Part 2: Verification (First Edition) | |

由上表可以看出，我国尚未出现关于智慧低碳社区的相关标准，低碳社区标准领域十分匮乏，智慧社区相关标准已有一定的标准基础，但在许多领域仍是空白状态，可供借鉴的地方并不多。低碳社区标准的数量较少，可能说明低碳社区在标准制定和规范体系方面的发展相对较为初级。这也可能是因为低碳社区的建设较智慧社区更加侧重于能

源节约和减排方面，而智慧社区则更加注重科技应用和智能化管理。然而，低碳社区标准仍然非常重要，可以为低碳社区的规划、建设和评价提供指导。智慧社区的标准较多，反映了我国对智慧社区建设的重视和发展。智慧社区标准的制定涵盖不同方面的要求，包括智能化设施、物联网应用、信息技术支持、城市管理和居民参与等。这些标准的制定对提升社区的智能化水平、改善居民生活质量和推动城市的可持续发展具有重要意义。需要注意的是，这些数量上的差异只是一个参考，具体的标准内容和质量才是更重要的评估指标。未来，随着低碳和智慧社区建设的推进，标准体系将逐步完善，以促进社区的可持续发展和建设质量的提升。

虽然智慧低碳社区已有可参考的相关标准，但仍存在一些不足之处。

首先，标准覆盖范围不全面。虽然存在《零碳社区建设与评价指南》等标准，但在建设标准的制定过程中可能未全面考虑所有可能的因素。有些标准可能更偏向于特定类型的社区，而对其他类型的社区建设提供的指导相对较少。

其次，深度研究缺乏细节。虽然深度研究涉及社区现状、未来建设、减排路径等方面，但具体的实施细节可能不够详细。在实际建设过程中，对技术、管理、投资等方面的具体问题，深度研究可能需要更细致的分析和指导。

法规与政策整合不足。智慧低碳社区建设需要与相关法规和政策保持一致，目前我国并未进行标准与法规政策的整合。建立与国家、地方政策一致的标准，以提高标准的合规性和实施力度，是智慧低碳社区建设中的重要环节。

新兴技术应用不足。智慧低碳社区的建设需要充分利用新兴技术，如互联网、物联网、AI 等。虽然已有智慧社区建设的相关标准，但对具体的新技术应用和智能化管理的详细指南可能尚不充分。

智慧低碳社区标准可以从智慧社区标准和低碳社区标准借鉴的地方主要包括以下几个方面。

智慧社区建设经验可以为智慧低碳社区提供有关信息技术、大数据、AI 等方面的应用经验。借鉴智慧社区的管理和服务模式，尤其是基于大数据和 AI 的碳足迹管理、碳账本管理等实践，有助于提高低碳社区的智能化水平。

智慧社区在能源管理方面的做法可以为低碳社区提供借鉴。通过建立能源监测系统，对社区的能源使用情况进行在线监测和动态分析，制定节能减耗的措施方案，以及规划可再生能源的利用，都是可以从智慧社区借鉴的经验。

智慧社区在绿化环卫和垃圾分类方面的做法对低碳社区的环境管理具有启示作用。智能垃圾分类箱、积分奖励制度、智能监控系统等措施可以有效引导社区居民采取低碳环保的生活方式，促进资源的循环利用。

智慧社区在水资源节约和利用方面的经验对低碳社区具有借鉴意义。减少公共用水、引入非传统水资源利用等做法可以在低碳社区建设中得到应用，实现对水资源的可持续管理。

从智慧社区建设的角度，借鉴相关法规与政策整合的经验，确保智慧低碳社区建设与国家、地方政策保持一致。这有助于提高标准的合规性和实施力度，促进社区可持续发展。

智慧低碳社区标准的重点研究领域主要包括以下几个方面。

标准围绕"智慧"与"低碳"两个维度，建立了包括"八个基本技术版块+技术创新版块"的评价体系。其中包括园区规划、产业体系、交通体系、能源体系、基础设施、园区建筑、园区综合碳管理平台和运营管理八个基本技术版块。在评价体系中，涉及"低碳"维度的有 43 项，涉及"智慧"维度的有 33 项，确保了全面性评价。

标准的技术创新点包括园区规划、产业体系、交通体系、能源体系、基础设施、园区建筑、园区综合碳管理平台和运营管理八个基本技术版块，以及其他技术创新点。这些创新点涵盖社区建设的多个方面，为智慧低碳社区提供了详细的技术要求和标准。

在涉及零碳场景研究中，一项研究聚焦于构建未来社区的"零碳场景"，通过碳排碳汇的四个构成模块及相关影响因素，剖析社区碳足迹。研究包括减少碳排放的途径，如功能布局、交通组织、可再生能源利用、零能耗建筑技术等，以及增加社区碳汇水平的手段，如绿色屋顶、垂直绿墙等。

在智慧技术应用方面，社区建设中涉及智慧技术的应用，包括 5G、AI、IOT 等新技术。这些智慧技术构成了未来社区的智慧大脑，如图 6-6 所示。这些技术的应用能够为社区提供实时决策和行动指引，推动节能减排和智慧管理。

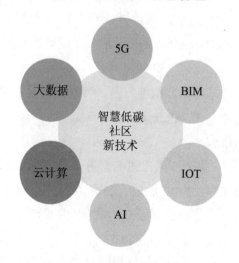

图 6-6　智慧低碳社区新技术

总体而言，智慧低碳社区标准的重点研究领域涉及评价体系构建、技术创新与特色、零碳场景研究以及智慧技术的应用。这些方面的研究为未来智慧低碳社区的建设提供了详细的指导和标准，促进了社区的可持续发展和碳中和目标的实现。

# 6.3 智慧低碳社区的未来标准布局

现阶段我国在智慧低碳社区方面的研究还处于起步阶段，近几年国务院和发改委提出了一系列政策，鼓励建设智慧低碳社区，目前我国已有建设零碳社区的 14 个经典案例。亟需针对智慧低碳社区需求，形成实用化的标准体系，解决标准严重缺失的问题。智慧低碳社区体系建设是一项十分复杂而庞大的系统工程，通过标准体系建设，可重点解决跨专业、内外部、上下游之间的接口、协议、互联互通的问题，利于技术统一及标准化，支撑规模化应用，指导各专业、各单位智慧低碳社区建设有序开展，助力智慧低碳城市建设。

智慧低碳社区未来标准布局主要体现在以下几个方面。

首先，贯彻碳中和理念。在未来的社区规划、设计、建设、运营、治理的全过程中将贯彻"碳中和"理念，提出低碳策略，以应对环境污染、资源紧缺和大气温室效应等挑战。

在城市社区的低碳排放路径研究中，关注城市社区的低碳排放路径，通过构建绿色建筑、分布式可再生能源设施、智慧管理体系等措施，降低外部能源消耗，实现社区的低碳排放。

在智慧低碳社区建设中，智慧低碳社区作为智慧城市的最小"细胞"，将解决社区居民的需求和痛点，倡导简约适度、绿色低碳和文明健康的生活理念。利用互联网、物联网等技术，促进社区节能节水、绿化环卫、设施维护、停车管理等工作，营造宜居环境。

在社区能源消耗分析与节能减耗措施方面，特别关注社区能源消耗，对其进行整体分析，制定节能减耗的措施方案。改造老旧小区时，重点考虑水电能源的节约利用，并根据能耗情况制定相应的措施。

在国家文件支持方面，《关于深入推进智慧社区建设的意见》的通知为未来智慧低碳社区提供了政策支持和指导。中共中央办公厅、国务院办公厅印发的《关于推动城乡建设绿色发展的意见》和国务院办公厅发布的《"十四五"城乡社区服务体系建设规划》等文件也为智慧低碳社区建设提供了指导和支持。

《关于推动城乡建设绿色发展的意见》要求各地各部门认真贯彻落实，推动城乡建设朝着绿色发展的方向发展。《"十四五"城乡社区服务体系建设规划》指出社区服务关系到民生，是推进基层治理现代化建设的必然要求。规划要求各地要夯实基层基础，让人民生活更加美好。在这一规划中，城乡社区服务体系被定义为党委统一领导、政府依法履责、社会多方参与，以村（社区）为基本单元，以满足村（社区）居民生活需求、提高生活品质为目标的服务网络和运行机制。这一规划强调了对城乡社区服务体系的全面建设。总体而言,智慧低碳社区建设在国家政策中得到了重要的关注和支持,政策文件中提出了要倡导绿色低碳的生活理念,通过技术手段实现社区治理的智能化、智慧化。这些政策为智慧低碳社区的发展提供了指导和支持。

由全国信标委智慧城市标准工作组组织编制的《零碳智慧园区白皮书》为零碳智慧社区提供了标准化的指导和参考,也为智慧低碳社区标准体系的建立提供了指导和参考。《零碳智慧园区白皮书》是由全国信标委智慧城市标准工作组智慧园区专题组组织编写的,旨在梳理和总结当前园区在绿色低碳发展方面的政策及实践成果。该白皮书提出了零碳智慧园区的关键发展趋势、面临的主要挑战,并明确了零碳智慧园区的愿景和建设思路,为实现从概念到实际落地的创新之路提供了有效的指导。根据该白皮书可总结出智慧低碳社区建设过程中可参考的经验:首先确定智慧低碳社区为在园区规划、建设、管理、运营中全方位、系统性融入碳中和理念的社区。其核心特征包括依托智慧低碳操作系统、精准核算碳中和目标、泛在感知全面监测碳元素生成和消减过程、数字化整合碳中和措施,以及智慧化管理实现产业低碳化、能源绿色化、设施集聚化共享、资源循环化利用等目标。智慧低碳社区建设的原则和路径包括规划、建设、运营三个层面。

智慧低碳社区的未来标准发展蓝图包括以下关键要素。

❑ 标准制定与指导:制定智慧低碳社区标准体系,提供基础框架和指导,明确智慧技术与低碳要求的结合,推动社区向智慧低碳的方向发展。

❑ 整合智慧技术和低碳要求:结合物联网、AI、大数据等智慧技术,与低碳要求相结合,实现社区能源的智能管理和优化调控,推动节能减排和可再生能源的利用。

❑ 绿色建设与可持续发展:注重社区的绿色建设和可持续发展,包括推动社区能源的可再生利用、建筑节能设计与管理、智能交通和智慧环保等方面的发展,促进社区的绿色转型和减碳目标的实现。

❑ 居民参与与行为改变:强调居民的参与和行为改变,通过智能服务、碳足迹管理、社区参与活动等方式,引导居民采取低碳、环保的生活方式,推动整体社区的低碳文化建设。

❑ 监测与评估体系:建立监测与评估体系,用于对社区能源消耗、碳排放等进行监测和评估,为智慧低碳社区的建设和改进提供指导。

❑ 资源整合与合作:促进各部门的跨界合作和资源整合,包括政府、企业、居民等,共同推动智慧低碳社区的发展,提供技术支持、政策激励和资金支持等方面的保障。

未来标准发展蓝图应考虑智慧技术的应用、绿色低碳建设、居民参与、监测评估体系和跨部门的合作,以实现社区的智慧和低碳化目标,如图 6-7 所示。这将推动智慧低碳社区走向可持续发展，为城市的绿色转型和碳中和目标的实现提供有效支持。总体而言，未来智慧低碳社区的标准布局将综合考虑碳中和理念、智慧社区建设、能源消耗分析等多方面因素，以推动社区向更加环保、可持续和低碳的发展模式转变。

图 6-7　智慧低碳社区

# 6.4　小　　结

本章主要讲述了智慧低碳社区标准化内容，首先，通过对智慧低碳社区进行研究，构建出我国智慧低碳社区标准体系。进一步研究我国已有智慧低碳社区相关标准和文件，总结分析其中的不足之处，找出我国未来智慧低碳社区重点标准制定方向和重点领域。最后对我国智慧低碳社区发展现状进行研究，总结出智慧低碳社区未来的标准布局和发展蓝图的关键要素。

# 习　　题

1. 什么是智慧低碳社区标准体系？它在智慧低碳社区建设中的作用是什么？

2. 在构建智慧低碳社区标准体系时，有哪些研究的重点和需求？这些因素对标准体系的建立有何影响？

3．简述智慧低碳社区标准体系中的重点标准和它们的建立对社区建设的重要意义。

4．请举例说明一项智慧低碳社区标准的具体内容，以及它是如何帮助社区实现低碳目标的。

5．在建立智慧低碳社区标准体系时，为什么强调重点标准？这种方法的优势是什么？

6．为什么说智慧低碳社区标准体系的建立是智慧低碳社区建设中的关键环节？

7．在智慧低碳社区标准体系的研究过程中可能会遇到哪些挑战？应该如何应对这些挑战？

8．智慧低碳社区标准体系的建立是否需要参考国际标准？为什么？

9．智慧低碳社区的未来标准布局指的是什么？它是如何影响智慧低碳社区建设的发展方向的？

10．你认为智慧低碳社区标准体系的建立需要多长时间？在这个过程中最大的挑战是什么？

# 第7章 我国智慧低碳社区的
# 未来发展规划

我国智慧低碳社区的未来发展规划应以实现智慧零碳社区为目标。这便需要我们充分利用先进科技，如使用物联网、大数据和 AI 构建智慧化管理系统。同时，为实现零碳社区的宏伟目标，我国智慧低碳社区的未来发展规划需全面考虑清洁能源、零碳建筑、零碳交通、废物回收与利用等关键领域。首先，充分利用清洁能源是降低碳排放的关键，如太阳能、风能和氢能等，通过高效利用和储存技术，确保能源供应的稳定与清洁。其次，零碳建筑是实现零碳社区的重要环节，通过节能设计、绿色建材和先进的能源管理系统，减少建筑运行过程中的碳排放。再者，零碳交通是未来发展的必然趋势，鼓励电动汽车、智能交通系统和绿色出行方式，减少交通领域的碳排放。最后，废物回收与利用是循环经济的核心，通过有效的废物管理，实现资源的最大化利用，降低废物对环境的影响。我国智慧低碳社区的未来发展规划应全面整合这些关键要素，共同构建一个高效、环保、可持续的智慧零碳社区。

## 7.1 美丽中国愿景下的零碳社区

2017年10月18日，习近平总书记在党的十九大报告中提出加快生态文明体制改革，建设美丽中国。习近平总书记说："我们要建设的现代化是人与自然和谐共生的现代化，既要创造更多物质财富和精神财富以满足人民日益增长的美好生活需要，也要提供更多优质生态产品以满足人民日益增长的优美生态环境需要。必须坚持节约优先、保护优先、自然恢复为主的方针，形成节约资源和保护环境的空间格局、产业结构、生产方式、生活方式，还自然以宁静、和谐、美丽。"

美丽中国是一个涵盖经济、社会、生态等多个方面的综合性发展理念，旨在实现经济繁荣、社会公平和生态健康的均衡发展，为当前和未来的可持续发展奠定基础。美丽中国这个理念应当包含生态文明、绿色发展、生态保护、人民幸福、绿色社会、国际责任等。

　　美丽中国理念是中国生态文明建设的一部分。生态文明强调在经济发展的同时保护生态环境，实现人与自然的和谐共生。美丽中国追求的是经济、社会和生态的协调发展，而不是以损害环境为代价的增长。美丽中国倡导绿色发展，通过调整产业结构、推动科技创新，实现经济的绿色升级，减少对资源的过度消耗，降低能源消耗和排放，推动可持续经济增长。美丽中国注重生态环境的保护和恢复，包括保护生物多样性、改善空气质量、治理水污染、防止土地沙化等方面，旨在创造一个清新、优美的自然环境。美丽中国的目标不仅是环境保护，还包括提高人民的生活水平和生活质量。通过改善城市规划，提供更好的教育和医疗等公共服务，促进社会公平正义，实现人民的全面幸福。美丽中国倡导建设绿色社会，包括绿色能源、绿色交通、绿色建筑等各个方面。这有助于降低社会对传统能源的依赖，减少对环境的污染，推动低碳发展。美丽中国的理念也涉及国际责任，中国在推动美丽中国的同时，积极参与全球环境治理，致力于全球环境问题的解决，体现了对全球生态文明建设的贡献。

　　而在零碳社区建设中，美丽中国的理念体现在减少对环境的负面影响，推动低碳、清洁能源的使用，促进社区的可持续发展。建设零碳社区的具体举措如下：

- ❑ 清洁能源：推广和采用清洁能源，例如太阳能、风能等，减少对传统能源的依赖，降低碳排放。
- ❑ 绿色建筑：设计和建设符合绿色建筑标准的建筑，提高能源的利用效率，减少资源浪费。
- ❑ 可持续交通：促进公共交通、非机动车和步行等低碳出行方式，减少对汽车等高碳交通工具的依赖。
- ❑ 垃圾处理：推动垃圾分类和资源化利用，减少对环境的污染。
- ❑ 智能技术：利用大数据、物联网、AI 等智能技术实现对社区的智慧化管理。

　　通过这些方面的实践，零碳社区可以体现美丽中国的远景，实现经济、社会和生态的协调发展，创造一个更加宜居、环保和可持续的生活环境。这符合美丽中国追求的目标，即经济发展与环境保护的双赢，为未来社会的可持续发展奠定基础。

# 7.2　零碳建筑

　　可持续发展与低碳发展是当代社会中至关重要的议题之一，而建筑业作为社会可持续性发展的重要组成部分，扮演着举足轻重的角色。建筑能耗的增加是导致建筑碳排放量增加的一个重要因素。中国建筑节能协会能耗专业统计委员会发布的《中国建筑能耗研究报告（2021）》数据显示，2019 年中国建筑建造和运行相关 $CO_2$ 排放占中国全社会

$CO_2$ 排放量的 38%，并且呈现还在增长的趋势。而在我国社会可持续发展的蓝图中，规划于 2050 年将城市化率提高至 70% 以上，这要求每年将城市化率提高 1 个百分点左右。这样迅速的城市化进程将大大增加城市建设和运营的需求，使得建设量和资源消耗成为巨大的挑战。

零碳建筑作为零碳社区的重要组成部分，是实现零碳社区理念的重要形式。零碳社区中的零碳建筑是指在建筑的全生命周期内，包含建筑材料生产、运输、建造施工、运行、拆除以及建筑维修及材料回收的这几个阶段实现净排放。零碳建筑的实现是一个复杂的过程，需要从源头开始对建筑中能源的消耗与转换进行全面的研究，它不仅与建筑行业息息相关，同时也需要工业生产、交通运输等行业的配合。下面对实现零碳技术的重要技术与方法进行介绍。

## 7.2.1 绿色建筑

绿色建筑一般是指在建筑的全寿命周期内，最大极限地节约资源，保护环境和减少污染，为人们供给健康、适用和高效的运用空间，与天然和谐共生的建筑。其核心概念是通过创新的设计和科技手段，最大限度地减少对自然资源的消耗，降低能耗和排放，提高建筑的整体可持续性。

绿色建筑的基本原则包括以下五条。

❑ 能源效率：绿色建筑应该最大限度地减少能源消耗，因此，在绿色建筑建造时通常采用高效隔热材料、可再生能源和智能能源管理系统来降低能源的消耗。

❑ 材料选择：绿色建筑在建筑材料的选择中，尽可能选择可再生、可回收的建筑材料，降低对有限资源的依赖，减少建筑废弃物的产生。

❑ 水资源管理：在建筑中采用低流量设备、雨水收集系统，最大限度地减少用水量，同时提倡水资源的可持续利用。

❑ 室内环境质量：关注室内空气质量，使用低挥发性有机化合物的材料，确保室内环境对居住者的健康有益。

❑ 生态系统保护：最大限度地保护和维护周围的自然生态系统，减少对生态环境的破坏。

相比于普通建筑，绿色建筑能够使能源、资源耗费降至最低程度，能够下降 70%～75% 甚至更高，并且提高太阳能、风能、地热、生物能等新能源使用的占比，使用节能技术的同时还能避免污染。

在全球范围内，各国都建立了绿色建筑认证体系，以确保建筑项目符合可持续发展的标准。在中国，绿色建筑认证主要为三星级绿色建筑标识，是基于 2006 年发布、2019 年修订的《绿色建筑评价标准》（GB/T 50378-2019），该标准由中国建筑科学研究院与上海市建筑科学研究院联合主编，主要用于评价住宅建筑和办公建筑，以及商场、宾馆等公共建筑。按照《绿色建筑评价标准》（2014 版），按满足控制项和评分项的程度，绿色建筑认证划分为 3 个等级。3 个等级的绿色建筑均应满足《绿色建筑评价标准》（2014 版）所有控制项的要求，且每类指标的评分项得分不应小于 40 分。当绿色建筑总得分分别达到 50 分、60 分、80 分时，绿色建筑等级分别为一星级、二星级、三星级。

而在美国认证体系为 LEED（领导能源与环境设计），由美国绿色建筑委员会（USGBC）颁发，被广泛应用于全世界的绿色建筑认证，分为不同级别，如金、银、铜等。成为白金绿色建筑不仅可以助力节能减排，还能获得品牌加成、吸引投资，十分值得有自有建筑的企业和房地产行业参与。LEED 标准是当前世界上应用最广泛、商业化程度最高的绿色建筑评价体系，也是最具包容性和透明度的评级体系。目前有超过 12 万座建筑参与其中。

绿色建筑和零碳社区的共同目标都是减少碳足迹，最终实现对环境零负担。绿色建筑在设计、施工和运营中采用可持续的方法，以最小化对环境的不良影响，这与零碳社区的愿景相互契合，因此两者具有共同的目标。在零碳社区的建设中，建造大量绿色建筑能有效减少整个社区的碳排放，同时使得社区具有环境友好型的特点，能进行可持续发展。但是绿色建筑与零碳社区的规划需要综合考虑建筑能源效率、土地利用、水资源管理等方面。通过整体规划，绿色建筑可以更好地融入零碳社区，形成协同效应，共同推动可持续发展。同时在零碳社区中，不同建筑之间可以通过智能化系统实现能源和水资源的共享。绿色建筑通过高效的能源管理系统，为零碳社区提供可持续的能源来源，实现资源的最优利用。

常见的一些绿色建筑技术有绿色屋顶，也称为"屋顶花园"或"生态屋顶"，是一种在建筑屋顶上种植植物以及使用特殊的屋顶设计来促进生态平衡、改善环境的建筑设计理念。这种创新的设计不仅能为城市提供独特的绿色景观，还能带来一系列环境、社会和经济的好处。绿色屋顶通常包括植物覆盖，可以是草、灌木或者小树。这些植被有助于吸收雨水，降低屋顶温度，改善空气质量。由于绿色屋顶需要支撑植物生长，通常包括多层结构，如防水层、保温层、植被层等，这些层次共同构成一个生态系统，提供生长环境并保护建筑。在绿色屋顶的建造中，通常使用可持续发展的材料，例如可回收的材料或具有良好环保性能的建筑材料。绿色屋顶具有净化空气、降低城市热岛效应、雨水管理、节能保温等优点。

智能照明系统也是绿色建筑中的一项关键技术，通过集成先进的传感器、控制器和能效照明设备，实现对照明系统的智能化管理。智能照明系统不仅提高了照明效率，也有助于能源的有效利用。作为绿色建筑领域的先进技术，智能照明系统在全球范围内得到了广泛应用。

绿色建筑在未来将持续发展并成为建筑行业的主流趋势，可以应用于以下方向。

❑ 碳中和与净零能耗建筑：随着人们对气候变化的关注增加，建筑行业将更加注重实现碳中和和净零能耗目标。新建筑和现有建筑的翻新将更多地采用可再生能源、能效技术以及碳捕捉和储存等手段，从而减少对环境的负担。

❑ 生态城市规划：绿色建筑将与城市规划更紧密地结合，形成更可持续和生态友好的城市。生态城市规划包括更多的绿色空间、可持续的基础设施和智能交通系统，以提高城市居民的生活质量。

❑ 智能建筑技术：随着物联网和 AI 技术的不断发展，绿色建筑将更多地采用智能系统，实现对建筑内部环境的实时监控和优化。其中包括智能照明、智能温控、智能安全系统等，以提高建筑的能效和舒适性。

❑ 循环经济原则：绿色建筑将更加注重循环经济原则，通过设计和建造过程中的可持续材料选择、废弃物再利用等手段，降低资源消耗和环境影响。

❑ 社会参与和认证体系：未来的绿色建筑将更加注重社会的参与和认证体系的建立。居民将更多地参与到建筑设计和管理中，而认证体系的建立将促使建筑企业更加严格地遵循绿色建筑标准，确保建筑的真正可持续性。

❑ 新材料和技术应用：随着科技的不断进步，新型材料和技术将被应用于绿色建筑，例如更高效的太阳能电池、智能建筑外墙材料、更高性能的绝缘材料等，以不断提升建筑的能效和环保性。

总体而言，未来绿色建筑将致力于综合利用科技、社会参与和环保理念，打造更加人性化、智能化、高效能源利用的建筑环境，以实现可持续发展与零碳排的目标。

## 7.2.2  零碳建筑材料

水泥，作为一种与水反应的粉末并在混凝土中充当黏合剂，是世界上使用最多的材料之一。目前，全球水泥需求主要由中国和其他亚洲国家推动，这些国家占水泥产量的80%。因此在这些地区，重工业的快速增长和使用煤炭作为能源的来源导致了较高的二氧化碳排放。

水泥作为一种主要的建筑材料，如何降低碳排放是实现零碳建筑的必经之路。目前，全世界许多研究人员和工程师开始尝试在混凝土中使用水泥替代材料。一些可持续混凝土材料通过利用工业废料，例如矿渣和粉煤灰，使得混凝土中几乎不含水泥，这些新的建筑材料将有可能为零碳混凝土探索出一条新的技术路线，并且能满足建筑用混凝土的结构强度和其他要求。研究人员正在探索可持续混凝土的最佳设计，以获得其卓越的强度、耐久性、增强的可持续性和更大的节能效果，以应用于未来建筑。

在未来，建筑领域将有机会使用一种名为"大麻混泥土"的新型建筑材料，大麻作为一种经济种植物，只需少量肥料和水分，几个月内就能长到 2～3m 高。与其他作物相比，大麻有着相当高的结实度。最令人惊喜的是，大麻具有许多能够实现顺畅和功能性建筑的特性，比如天然的隔热性能、声学性能，且不需要胶水或砂浆就能组装。此外，大麻还具有耐火性，大麻能在火灾发生时保持 30min 不倒塌，也就是说，不需要额外的热绝缘。石灰和大麻组成的大麻混凝土比普通混凝土的结构强三倍，且大麻混凝土的制造过程只需要较少的碳（石灰是必不可少的），但是却保留了大麻的能量和柔韧性。

另一方面，大麻具有很强的吸收二氧化碳的能力，据资料显示，大麻吸收二氧化碳的能力是森林的 2～4 倍，这使得原材料能作为"负碳"。同时，基于纤维素的大麻基质可捕获碳，并且能够随时间捕获空气污染物，因此，在生长和放置时，大麻混凝土可以从大气中吸收碳。

但是，为了制造大麻混凝土，需要使用大麻泡沫、石灰等黏合剂以及氯化钙和硫酸钠等活化剂。大麻混凝土经过加热和化学处理过程进行固化和硬化增加了其制造成本。此外，与传统混凝土相比，大麻混凝土的低强度是限制其应用的另一个主要问题。尽管如此，大麻混凝土的延展性仍与普通混凝土相当。未来的研究可以为建筑应用带来强度更好、更坚韧和更具延展性的大麻混凝土。

另一种潜在的零碳混凝土是由废弃农作物作为主要组成材料。以秸秆为例，在我国，每年产生约 9 亿吨秸秆，除去肥料、饲料、燃料、造纸原料需要的秸秆外，大部分农作物的秸秆都被焚烧或废弃处理，而在农村地区焚烧秸秆将会带来碳排放的升高，这对实现双碳目标极为不利。近年来国内外学者研究发现，可以利用农业废弃物制备混凝土。这一做法不仅可以实现秸秆的资源化利用，而且可以有效改善混凝土的性能。已有多项研究和实验针对农业废物再生，讨论如何使其成为实用的建造墙体的材料，并同时保证良好的热学、声学甚至结构特性。在靠近热带的地区，椰子是一种主要的食物。但是椰子的纤维，无论是成熟的还是未成熟的，都可以添加到混凝土中，或者在某些情况下可以成为水泥土砖加固物。巴西东北部的一项科学研究便是出于满足低收入社区对新建筑的需求，并以提升混有椰子纤维的加强砖的产量为目的。该研究有利于回收再利用原本沉睡于城市和农村垃圾填埋场中的绿色且成熟的椰子。此外，有多项学术研究表明，农业废料的再利用不仅有助于解决开采制作水泥等常规建筑材料造成的污染问题，还有助于解决垃圾填埋造成的环境问题。印度的托马斯博士等人总结了农业废弃物在制造可持续水泥中的应用。例如，竹子灰烬、香蕉叶、车前草皮、橄榄、玉米芯、秸秆和稻草等被废弃的农作物都能代替水泥制作新型混凝土。

这些新型的建筑材料还具有商业可行性，可与任何其他传统产品相媲美。已有一些创业公司将这些新型建筑材料运用到实际建筑的建造中，未来，会有越来越多的新型建筑材料将用于零碳社区的建设。

## 7.2.3 建筑热能储存

全世界建筑物消耗了世界上大部分的电力，建筑占世界能源消耗的三分之一，而建筑中的能耗有 60% 来自供暖和制冷所消耗的能量。而热能存储提供了一种将热能生产与消费脱钩的解决方案，从而有可能在小时级甚至季节性的时间范围内储存热量。通过谷电蓄热，热能存储可将富余的低价、可再生能源电力转换为热能进行储存，并在发电量无法满足用热峰值需求时进行放热，实现热能供求的时空匹配优化。热能储能技术作为储能技术的一种，具有储存容量大、储存密度高、储存形式多样等优点。

为了实现建筑领域的低碳能源目标，通过热能储存为减少能源消耗和促进可再生能源的使用提供了许多便利。热能储存解决方案一般基于显式、潜式、热化学储能三种类型。显热热能储存是建筑应用中应用最广泛的技术。它是基于提高或降低高热容储存介质的温度，从而储存或释放热。采用的大多数材料的平均热能储存容量约为 $100\ MJ/m^3$，而水作为最实用的储热材料，在温度梯度为 60℃ 时，其储存容量为 $250\ MJ/m^3$。另外，一些常见的显热储热材料有石墨、陶瓷、二氧化硅和沙子、熔盐、岩石、钢、热空气等。潜热热能储存是指当储存介质发生相变（从一种物理状态到另一种物理状态）时，储存或释放热量。与显热储存相比，相变材料（PCM）可以在相变温度附近更短的温度范围内储存更多的热量。用于这一目的的大多数材料的典型潜热储存能力在 $300\sim500\ MJ/m^3$ 之间，常见的材料包括有机盐、钠、其他液态金属、熔融铝合金、石蜡、脂肪酸、盐水混合物、冰、液态空气等。而热化学储热依靠热源来诱导可逆的化学反应或吸附过程。这些储存系统的潜在好处是其相当高的能量密度（约 $1000\ MJ/m^3$）、可忽略不计的热损失和长期热可用性。

热能储存技术通过建筑的主动式应用与被动式应用在建筑物中实施。被动式应用可以通过更高的热惯性、降低室内峰值温度和改善热舒适来减少建筑物的能源需求。主动式应用允许建筑通过减少峰值负荷减少加热/冷却设备所需的功率容量；通过调整建筑负荷设备的运行范围，能够达到提高系统效率的目的；通过克服供需之间的时间不匹配，可以增加诸如太阳能和风能等可再生能源的贡献。

目前，热能储存技术在建筑建造中被大规模使用，较为经典的设计如特朗勃墙，得名于工程师菲利克斯·特朗勃。特朗勃墙将玻璃和一种暗色的吸热材料结合起来，将热量缓慢地传导进房子内部。标准的特朗勃墙将玻璃放在距离 $10\sim41cm$ 厚的砌体墙约 $2\sim5cm$ 的位置。墙体往往由砖、石头或混凝土制成。太阳的热量穿过玻璃，被蓄热的墙体吸收，然后被缓慢地释放到住宅内部。直接的太阳辐射波长较短，容易通过玻璃传导，而从蓄热体中重新释放的热量辐射波长较长，无法轻易穿过玻璃。太阳辐射的这一特性，在维恩位移定律中有所描述，将热量捕信在玻璃板和砌体墙之间，使特朗勃墙能够有效地吸热,并限制它与环境重新辐射。此外,由于玻璃板仅在墙体外侧,热量能够不受阻挡地进入住宅内部。对一堵 20cm 厚的特朗勃墙,蓄热这一过程一般需要耗时 8～10h。通常而言,这意味着墙体在白天吸收热量,并在夜晚将其重新释放进住宅,这例显著减少了传统供暖的需求。

# 7.3　清洁能源

清洁能源是指在能源生产和使用过程中减少或消除对环境污染的能源形式,以及对全球气候变化的影响相对较小的能源。与传统的化石燃料相比,清洁能源通常更具可再生性、可持续性,能够有效减少温室气体排放。常见的清洁能源包括太阳能、风能、水能、生物质能、地热能、氢能等。这些能源来源都具有较低的环境影响和更广阔的可再生潜力。

2023 年,我国可再生能源成为保障电力供应新力量,总装机于年内连续突破 13 亿、14 亿千瓦大关,达到 14.5 亿千瓦,占全国发电总装机比重超 50%,历史性超过火电装机。这标志着我国在清洁能源领域取得了显著的发展成就,为零碳社区建设提供了坚实的技术支持。在零碳社区建设中,新能源技术得到广泛应用,其中清洁能源占比较高。太阳能和风能发电系统成为社区能源供应的主力,通过安装太阳能光伏板和风力发电机,社区可以更大程度地依赖可再生能源,减少对传统能源的依赖。这不仅有助于降低碳排放,实现社区的碳达峰目标,同时也推动了清洁能源产业的发展。未来,零碳社区建设是追求经济、社会和生态协调发展的目标,清洁能源在其中扮演着关键角色。通过充分利用清洁能源,零碳社区可以降低碳排放,减轻环境负担,创造更健康、宜居的生活环境。一些重要的能源技术是在零碳社区建设中实现双碳目标的重要手段,这些技术有太阳能发电系统、风力发电系统、能量储存技术,氢能等。

## 7.3.1　太阳能发电系统

在零碳社区,太阳能发电系统是一种常见的清洁能源应用。建筑屋顶、停车场遮阳棚等场所安装太阳能光伏板,将阳光转化为电能供给社区。这种系统不仅能为社区提供可靠的电力,还能将多余的电能储存起来,以备不时之需。同时,太阳能光伏系统的安装能有效减少对传统电力的依赖,从而降低温室气体排放。

在光伏电池的技术领域,多晶硅太阳能电池、单晶硅太阳能电池和薄膜太阳能电池是主流。多晶硅太阳能电池具有成本较低、制造工艺简单等优点,而单晶硅太阳能电池因其高转换效率而备受青睐。薄膜太阳能电池则具有轻质、柔性和可弯曲的特点,适用于多种应用场景。2017—2021 年，中国光伏电池行业在全球装机市场景气的带动下，行业规模持续快速增长。2021 年，全球与中国光伏电池片产能分别为 423.5GW 和 360.6GW，2021 年，中国光伏电池片产量为 198GW，同比 2020 年增长 46.9%。

在现有近零碳社区建设中，光伏发电系统通常作为一项关键技术，例如，SolarCity 社区微网项目是位于加利福尼亚州的一个典型社区太阳能技术案例，旨在通过太阳能技术和智能微电网系统实现能源的绿色、可持续供应。该项目是太阳能服务提供商 SolarCity（现为特斯拉能源）的倡议，致力于构建一个低碳、高效的社区能源系统。SolarCity 公司在社区范围内安装了大量太阳能光伏电池板，覆盖社区建筑的屋顶和可利用的空置土地面积，以最大程度地利用太阳能资源。光伏系统采用高效太阳能电池技术，具有较高的转换效率。同时引入智能微电网系统，实现太阳能电力的分布式管理和储能。微电网系统能够实时监测能源需求和生产，通过先进的电力管理算法调度电力分配。配备先进的储能系统，包括锂离子电池等，以应对太阳能波动和确保 24 小时稳定供电。储能系统通过智能控制与太阳能光伏系统协同工作，实现电力的平稳输出。部署智能电表，居民可以实时监测和管理个人能源消耗。监测系统对社区能源系统的性能进行实时跟踪，为优化运营提供数据支持。社区微网项目实施后，太阳能光伏系统每年产生大量清洁能源，满足社区内部分电力需求。碳排放明显降低，相较于传统能源供应方式减少了约 30%。同时，社区居民通过将太阳能产生的电力进行余电上网的方式将多余的电力出售给当地电网，使当地其他居民享受了相对较低的电力费用。社区微网的投资在几年内实现了回本，并在长期内为社区提供了经济效益。项目的初期投资主要用于太阳能光伏系统、智能微电网和储能设备的建设。

## 7.3.2 风力发电系统

随着全球对可持续发展的迫切需求，2013—2022 年，中国风电行业累计装机规模持续上升，年增幅均保持在 10%以上。2022 年，中国风电累计装机规模达到 395.57GW，同比增速为 14.11%，其中，陆上风电累计装机容量占比超过 90%。但近年来，海上风电市场的累计装机规模增长速度远高于陆上风电市场。在新增装机方面，2022 年全国新增风电装机容量为 49.83GW。从招标情况来看，2022 年我国市场公开招标容量达 98.5GW，同比增长 81.7%，2023 年 1～6 月，国内风电公开招标市场新增招标容量 47.3GW，比去年同期下降了 7.4%。陆上新增招标容量 41.5GW，同比下降 1.2%，海上新增招标容量 5.8GW，同比下降 36.5%。

在社区内设置风力发电机，将风能转化为电能，这样的系统可以在适宜的风力条件下为社区提供清洁电力。风力发电系统通常与太阳能发电系统相辅相成，以确保社区在各种气象条件下都能获得足够的电力供应。

风力涡轮机作为风力发电系统的核心组件之一，其设计和性能直接影响能源捕获效率。研究表明，垂直轴风机（VAWT）和水平轴风机（HAWT）在零碳社区中都有广泛应用。垂直轴风机和水平轴风机是两种常见的风力涡轮机类型，它们在不同地形环境中的适应性表现出明显的差异。在城市环境中，建筑物、高楼大厦等结构会导致风流产生变化和湍流，这使风的方向和速度变化较为复杂。VAWT 的设计可以更好地应对这种不规律的风场，因为其叶片在不同方向上都能够有效地捕获风能。此外，VAWT 的垂直轴设计还使整个风机结构更加紧凑，适合在有限的城市空间部署。这对城市规划和土地利用来说是一项重要的优势。在广阔平原等地形中，风场相对较为稳定，而 HAWT 的设计更符合这种稳定的风流。其叶片在水平方向上的运动更容易受到一致的风速影响，有利于提高系统的稳定性和效率。因此，在建设零碳社区的能源系统中应按照社区所处的地理位置来选取最合适的风力涡轮机。

除了风力涡轮机，越来越多的风电制造企业为了提高风力发电系统的效率，在智能化控制系统上进行优化。因此，风机的智能控制系统的研究也越来越重要。先进的风速控制算法和预测模型可以显著提高系统的能量捕获效率。系统能实时监测风速并相应地调整风力涡轮机的叶片角度，能够更灵活地适应复杂多变的气象条件，从而最大程度地优化能源的输出。

同时，面向零碳社区目标的能源建设不仅追求低碳，还需要考虑经济性。数据显示，随着风力发电技术的成熟和规模效应的显现，风力发电的经济性逐渐提高。新型材料的应用、制造工艺的改进以及智能化控制系统的成熟都为风力发电系统降低成本提供了可能性。在成本效益方面。发电成本的大幅下降源于陆上风电规模化发展和技术进步。据预计，到 2022 年，我国陆上风电基本实现平价，到 2025 年成本有望降至 0.30 元/kWh。更为令人振奋的是，到 2035 年和 2050 年，陆上风电的成本将进一步降至 0.23 元/kWh 和 0.20 元/kWh，这预示着风力发电在未来几十年内将成为更为经济可行的清洁能源选择。

这些数据不仅强调了风力发电系统的成本竞争力，还为投资者和决策者提供了明确的发展方向。随着技术的不断演进和规模效应的显现，风力发电不仅在经济上更具吸引力，同时也为全球可持续能源转型提供了可行的解决方案。在未来，我们有望看到风力发电在建设零碳社区的领域中发挥更为重要的作用。

## 7.3.3 能量储存技术

为了克服太阳能和风力等不稳定的特点，零碳社区还可以采用先进的能源储存技术，例如电池储能系统。这种系统可以储存白天太阳能和风力发电的过剩能量，然后在夜晚或天气不佳时释放储存的能量，确保社区的稳定供电。这有助于解决清洁能源波动性的问题，提高能源利用效率。

在零碳社区建设中，一些常见的能源储存技术主要包括：

电池储能系统：将太阳能和风能等可再生能源转化为电能，并通过电池储能系统进行存储。在夜晚或能源需求高峰时释放储存的电能，以保障零碳社区的电力需求。常见的电池有锂离子电池、钠硫电池、铅酸电池等。我国在锂离子电池产业方面取得了显著进展，全球市场格局已经形成中国、日本、韩国三足鼎立。锂离子电池广泛应用于电动自行车和电动工具，但在储能领域的应用仍有待发展。专家指出，储能电池与动力电池的不同需求使得锂离子电池在未来可能超越动力电池，成为储能领域的领先技术。但锂离子电池在储能领域的应用面临着循环寿命、充放电倍率、低温性能等方面的挑战。然而，随着技术的不断突破，锂离子电池有望在未来成为社区能源系统的主力储能设备。钠硫电池是一种采用金属钠为负极、硫为正极，通过陶瓷管电解质隔膜进行电荷传递的电池技术。其优点十分显著，包括比能量的高度、大电流高功率放电和高充放电效率。采用固体电解质的设计消除了自放电及副反应，使得充放电电流效率几乎达到 100%。日本 NGK 公司已成功实现 300 MW 以上的实际应用。在中国，中科院上海硅酸盐所与上海电力公司成功合作研制了大容量单体电池，建成了 2 MW 的钠硫电池中试线。钠硫电池以其卓越的蓄能功能尤其适用于风电、太阳能等可再生能源发电领域。其在"削峰填谷"方面的经济效益显著，为社区能源系统提供了可行的储能解决方案。铅酸电池作为电化学体系中成熟的技术之一，虽然在比能量和循环寿命等方面不及锂离子电池和钠硫电池，但其在储能领域仍发挥着重要作用。其优势在于价格相对较低，高倍率放电性能较好，但劣势也显而易见，如能量密度较低、重量相对较重以及环境污染等。2021 年，中国铅酸电池市场规模约为 1685 亿元，同比增长 1.6%。尽管其产量同比下降，但在启动启停与轻型车动力电池领域，铅酸电池仍是主导选择。但随着环保政策加压和公众环保意识的增强，铅酸电池行业面临进一步整合，市场集中度提升。对汽车启动启停电池领域，铅酸电池仍是主机厂的主流选择，未来仍有望继续在特定领域中发挥关键作用。

压缩空气储能系统：利用低谷期间的电力将空气压缩储存在储气罐中，高峰期通过释放压缩空气驱动发电机产生电能。这种系统适用于大规模储能。常见的此类能量储存有飞轮系统、压缩空气储能（CAES）系统。其中，飞轮系统作为一种创新的储能技术，通过将机械能存储在高速旋转的飞轮中，实现能量的储存和释放。这一系统的设计旨在通过将机械能转化为电能来平衡电力网络的波动，提高能源的利用效率。飞轮系统具有高响应速度，具有快速启动和停止的能力，可以在毫秒级别内响应电网需求。由于机械能的转化效率高，飞轮系统在能量存储和释放方面具有较高的能量转换效率。相对化学储能系统，飞轮系统的寿命较长，且无须经常更换电池。

热能储存系统：将太阳能或其他可再生能源产生的热能储存起来，并在需要时转换为电能或供暖。这一系统适用于需要季节性储能的场景，例如盐融存储系统、水热蓄热技术、相变储能技术。

超级电容器：超级电容器可以高效地存储和释放电能，适用于短时、高功率的能量需求，例如电压波动或电力传输的瞬时需求。常见的超级电容器有碳纳米管超级电容器、电化学超级电容器等。

这些能源储存技术的运用可以使零碳社区更加灵活地管理能源，提高可再生能源的利用效率，降低对传统能源的依赖，推动社区朝着零碳、可持续的方向发展。在零碳社区的建设中，根据具体情况选择合适的能源储存技术，将对社区的可持续发展产生积极影响。

## 7.3.4　氢能

氢能是一种清洁能源，通常指的是利用氢气作为燃料来产生能量的过程。氢气可以通过水解、天然气重整、生物质气化等多种方式生产。氢能具有相当多的优势，例如清洁性、高能量密度、可再生性、适用性广等。氢能的主要燃烧产物是水蒸气，没有二氧化碳等温室气体的排放，因此，使用氢能作为主要能源，能从源头减少二氧化碳的排放。同时，氢能具有很高的能量密度，远高于现在的各类化学电池，因此，氢能可以在相对较小的体积中储存大量能量；同时，氢能具有可再生性，可以通过使用可再生能源（如太阳能、风能）来生产。随着技术的不断进步和投资的增加，氢能有望在未来成为能源领域的重要一环。

当前，电力依然是净零能源系统中高度灵活的能源载体，但电力储存既困难又昂贵，且电池的能量密度低于热燃料，这使得电力难以用于长途航空、重型货运和工业中的高工艺热需求。所以，为了最大限度地发挥电力的潜力，需要一个或多个配套的零碳能源载体。这种能源载体讨论最多的候选者是氢能和那些由氢气衍生的化学物质，例如氨（$NH_3$）、甲烷（$CH_4$）或甲醇（$CH_3OH$）。相对于氢气，氨更容易运输和储存。$NH_3$ 和 $CH_4$ 可以由氢气制成，但是在生产的过程会造成能量损失——生产的氨的能量效率约为 70%，$CH_4$ 的效率为 64%。因此，即使 $NH_3$ 或 $CH_4$ 是合格的能源载体，生产低成本、无碳氢的能力也具有重要价值。

氢能的使用能大大丰富零碳社区能源的选择，例如，氢能应用到交通领域的核心设备是氢燃料电池，是将氢气的化学能转化成电能。交通是零碳社区的一个主要碳排放来源，即便是锂离子电动车，依然需要考虑间接碳排，这将不利于实现零碳社区的目标。氢能电动车虽然具有远强于锂离子电动汽车的性能，但如果不解决制氢过程中大量的碳排放，也无法实现真正意义上的零碳能源。截至 2022 年底，我国现有加氢站 295 座，约占全球数量的 40%，加氢站数量位居世界第一。我国氢燃料电池汽车保有量为 11033 辆，已成为全球最大的燃料电池商用车市场。

在未来零碳建筑的建造中，可以将氢能作为主要的能量来源。例如，在供暖上氢气燃烧热值高，其燃烧产物是水，不会对环境产生污染。也就是说，氢能的应用不仅能满足建筑供暖需求，还能实现清洁排放。同时，氢气也能作为产电的主要能力来源替代煤、燃油等化石燃料用于发电。目前，日本的清水公司与国立产业技术综合研究所（AIST）共同开发了一套用于建筑使用的氢能系统，通过光伏发电进行生产和储存终极清洁能源氢，并且通过储氢合金将氢进行储存，然后在需要时将氢转化为电能。

尽管氢能在一些方面有许多优势，但在建筑领域使用氢能也面临一些缺点和挑战。

生产成本高：目前氢能的生产成本相对较高，尤其是通过绿色氢的生产方式，如电解水。这会导致建筑项目中采用氢能的成本上升，相比于其他能源形式，如电力或天然气，氢能不够经济。

能源传输和储存难题：氢气在一般情况下是非常轻的，且在室温下是气体状态，因此，其传输和储存相对复杂。而投资氢气的有效储存和输送技术则会增加建筑项目的复杂性和成本。

能量密度问题：尽管氢气在单位质量上的能量密度很高，但在单位体积上的能量密度相对较低。这可能需要更大的储存和输送系统，尤其是在有限的建筑空间内，可能会受到限制。

安全性考虑：氢气是易燃气体，因此在储存和使用氢能源时需要特别注意安全性。建筑中的氢能系统需要符合严格的安全标准，这可能涉及特殊的设备和安全措施，增加了建筑项目的管理和维护难度。

基础设施建设：引入氢能源需要相应的基础设施，包括生产、储存、输送和使用的设施。这需要额外的投资和规划，会增加建筑项目的整体复杂性和开发时间。

技术成熟度：一些氢能技术仍处于发展阶段，其成熟度和可靠性相对较低。建筑行业对成熟、稳定的技术更有依赖性，因此，引入新技术可能需要更多的实证和验证。

可持续性问题：如果氢气的生产过程依赖于传统能源，例如天然气重整，那么，使用氢能源可能无法实现真正的低碳或零碳效果。因此，需要关注氢气的生产方式，以确保其可持续性。

尽管建筑使用氢能面临一些挑战，但随着技术的发展和投资的增加，这些问题会逐步得到解决。同时，建筑领域也可以探索其他可持续能源解决方案，如太阳能、风能等，以综合考虑不同的能源选择。

# 7.4 零碳交通

在当今城市化飞速发展的背景下，零碳交通作为零碳社区建设的核心组成部分，其与减少碳排放之间的紧密联系愈发凸显。

## 7.4.1　可持续公共交通

传统交通工具的使用，如内燃机车辆，释放大量尾气，其中的有害物质不仅对空气造成污染，也对人们的呼吸系统和整体健康产生负面影响。而可持续交通一般由新能源汽车作为主要交通工具，在城市交通中能有效减少碳排放，因此，可持续交通的重要性在于其对改善空气质量和维护居民健康的直接影响。

可持续交通方式在零碳社区的实现中发挥着关键作用，其中，电动汽车、共享单车和轨道交通系统等新型交通工具正成为推动城市可持续发展的引擎。

轨道交通系统，如地铁和轻轨，是零碳社区中不可或缺的一部分。与传统交通工具相比，轨道交通系统具有更高的运输能力和更低的能耗。通过提供高效、便捷的公共交通服务，轨道交通系统不仅减少了个人汽车使用，还大幅减少了整体交通碳排放。同时，社区内合理规划轨道交通线路，能够促进城市发展，提高居民生活质量。

## 7.4.2　新能源汽车

新能源汽车与零碳社区之间存在密切的关系，两者相互支持，共同推动城市的可持续发展。新能源汽车，特别是电动汽车，是零碳交通的关键组成部分，对实现零碳社区的目标具有重要意义。

减少交通排放：新能源汽车，特别是纯电动汽车和插电混合动力车辆，使用电池或燃料电池等清洁能源，减少了尾气排放，有助于改善城市空气质量。在零碳社区中，通过推广和鼓励新能源汽车的使用，可以显著减少交通排放，降低碳足迹。

能源系统整合：新能源汽车在零碳社区中可以被视为能源系统的一部分。电动汽车可以充当能源储存设备，将电能储存起来以应对能源波动，同时通过智能充电系统与可再生能源和智能电网相互连接，实现能源的高效利用。

共享出行模式：新能源汽车的发展也促进了共享出行模式的兴起，如电动共享汽车和电动滑板车等。这些共享出行服务有助于降低城市交通拥堵，减少车辆拥有和使用对环境的影响，符合零碳社区推动共享经济和可持续出行的理念。

未来，新能源汽车技术将持续发展，以更好地满足零碳社区的需求，以下关键技术将是未来新能源汽车发展的方向。

电池技术创新：电池技术是电动汽车的核心。未来，电池技术将迎来更大的突破，包括提高电池能量密度、降低成本、延长寿命，以及更环保的电池材料的应用，以推动电动汽车的发展。

快速充电基础设施：发展更快速、更便捷的充电基础设施是推动电动汽车普及的关键。未来，新能源汽车技术将侧重于提高充电速度和拓展充电网络，以提高用户体验并加速电动汽车的普及。

智能出行和自动驾驶：智能出行和自动驾驶技术的发展将进一步改变出行方式。这不仅可以提高交通效率，减少交通事故，还可以通过智能路线规划和车辆协同，优化城市交通流动，为零碳社区提供更智能、高效的出行解决方案。

多能源整合：新能源汽车将更多地整合多种清洁能源，包括太阳能和风能等。这种整合可以通过太阳能充电站、车辆对电网的能量回馈等方式实现，进一步减少汽车的碳足迹。

综合而言，新能源汽车技术的不断创新将成为零碳社区建设中的重要支持力量，促使城市实现更清洁、更智能、更可持续的出行和能源系统。

# 7.5 废物回收与处理

在未来零碳社区的建设中，为了实现废物回收与利用的目标，垃圾回收与处理是循环经济的核心环节，通过科学的分类、回收和再利用，能够将原本的"废物"转变为有价值的资源。此外，水资源循环过程是实现可持续发展的重要支撑，通过高效的收集、净化技术，可缓解水资源紧张的问题。社区可持续材料的应用则是从源头上减少废物产生，选择可再生、可降解或具有长期使用价值的材料，降低对环境的负担。在智慧零碳社区建设中，可通过垃圾回收与处理、水资源循环利用以及社区可持续材料的应用，共同推动废物回收与利用的发展，减少对环境的影响，实现可持续发展。

## 7.5.1 垃圾分类和资源化利用系统

未来实现零碳社区的垃圾分类和资源化利用系统将依赖先进的技术手段，以最大程度减少垃圾对环境的影响，促使循环经济的发展。

智能垃圾桶和感知技术：未来的零碳社区将广泛应用智能垃圾桶，配备传感器和通信技术，能够实时监测垃圾桶的填充状态。这一系统可以提高垃圾收集的效率，避免满载的垃圾桶造成资源浪费。

AI 与机器学习：利用 AI 和机器学习技术，垃圾分类系统可以不断学习和优化分类规则。这将有助于提高垃圾分类准确性，减少错误分类，从而提高资源回收的效率。

物联网连接的垃圾回收系统：物联网技术将被广泛用于垃圾回收系统，实现设备之间的互联互通。这种连接性可以使垃圾分类信息实时传输到管理系统，提高监控和管理效率。

　　垃圾识别技术：垃圾识别技术将更为精准，能够准确地区分各类垃圾并对其进行分类。光学识别、红外线扫描等高级传感技术将在垃圾处理厂得到广泛应用，使垃圾更加精准地被归类。

　　垃圾焚烧和能源回收：先进的垃圾焚烧技术将成为能源回收的重要手段。高效的垃圾焚烧设施可以将垃圾转化为能源，减少对传统能源的依赖，同时减少温室气体排放。

　　社区参与与教育：技术的发展也将促使零碳社区实现更加全面的社区参与和公众教育。通过智能手机应用、虚拟现实等手段，居民将更容易了解垃圾分类的重要性，形成共同努力的良好氛围。

　　总之，未来零碳社区的垃圾分类和资源化利用将成为一体化、智能化和高效化的系统。这不仅有助于减少环境污染，还将推动社区的可持续发展，实现垃圾的零排放和资源的最大化利用。

## 7.5.2　水资源循环系统

　　未来，零碳社区发展的一个重要特征，是实现对水资源的充分利用。未来零碳社区将建有独立完善的污水处理系统和雨水收集系统。同时对回收的水资源进行分级处理，整个系统中生活废水被送到小区内的生物污水处理系统净化处理，部分处理过的中水和收集的雨水被系统储存后经过净化处理后得以回收利用，从而减少水资源的浪费。

　　雨水回收技术主要包括屋面雨水收集和地面雨水收集两种。屋面雨水收集是使用建筑的屋面将雨水收集到专门设置的收集装置中，进而用于灌溉植物、洗车、清洗道路、供应卫生间冲洗等场景。而地面雨水收集是指通过地面排水系统将雨水收集起来，经过适当的处理，可以用于环境景观和灌溉。

　　生物处理技术包括生物膜法、生物接触氧化法、活性污泥法等，可以有效地去除有机物和氮、磷等营养物质，使水质符合再生利用的要求。此类技术常用于室内废水处理。膜分离技术利用不同的膜，将水中的有害物质过滤出去，达到水质再生利用的要求。常见的膜分离技术包括微滤、超滤、反渗透等。化学处理技术采用化学物质对水进行处理，例如利用氧化剂、吸附剂等消除水中的有害物质，使水质符合再生利用的要求，适用于含有重金属等有害物质的废水。物理—化学处理技术结合了膜分离和化学处理技术的优点，可以更为有效地去除废水中的有害物质。常见的物理—化学处理技术包括生物—吸附—超滤法、重力—空气浮选法等。紫外线消毒技术可以有效地杀灭水中的病原微生物，为废水的再生利用提供安全可靠的保障。此类技术常用于医院、实验室等场所的废水处理。

### 7.5.3 社区可持续材料

未来，面对更加严峻的全球气候变化的挑战，零碳社区将逐步转向更加可持续和环保的材料。可持续材料，也称为绿色材料或环保材料，是指在生产、使用和处置过程中对环境影响较小的建筑材料，具有可再生、可回收利用、使用寿命长等属性。可持续材料可以对环境产生重大影响，更容易建造生态友好型建筑。

竹子作为一种可再生的材料，生长速度比木材快且易于获取。使用竹子可以减少对木材等资源的依赖，也有助于保护环境。同时，竹子在生长过程中能够参与碳循环，帮助减少空气中二氧化碳的含量。竹子的强度可以创造出能够抵御地震和飓风等自然灾害的结构，是名副其实的"绿色钢铁"。

另一种可持续材料是生物水泥。科罗拉多大学博尔德分校活体材料实验室研究了一种新的不含水泥的活体建筑材料，与混凝土不同，它完全可以回收。该团队使用蓝细菌，一种类似于藻类的绿色微生物，利用二氧化碳和阳光来生长，并制造了一种有助于封存二氧化碳的生物水泥。这项技术在现实生活中的应用已经到来，一些公司正在通过在其产品中加入生物水泥来推动这些增强材料的使用。

## 7.6　智　能　技　术

随着科技的不断发展，智能技术在零碳社区建设中发挥着越来越重要的作用。这些智能技术的应用不仅提高了能源利用效率，也优化了交通系统，推动了社区的可持续发展。

### 7.6.1　智慧能源管理

AI 技术在零碳社区的智慧能源管理中起到了关键作用，且正成为引领变革的关键力量。其中，智慧能源管理作为可持续发展的支柱之一，通过大数据分析和预测算法，为零碳社区的能源利用效率带来了前所未有的提升。随着全球对气候变化的日益关注，社会对清洁能源和低碳生活的需求与日俱增。在这一大背景下，零碳社区成为可持续发展的核心理念。而要实现零碳目标，智慧能源管理显得至关重要。通过 AI 技术，我们能够更智慧地监测、分析和调整社区的能源使用情况，实现高效的能源管理。

智慧能源管理系统深度融合大数据、物联网、云计算、AI 等新一代信息技术的智慧能源，是实现双碳零碳社区建设的关键路径，而其载体——智慧能源管理系统——能够为能源企业提供水、电、气、暖等能源从输送、应用到回收全流程的监测管控一体化,实现能源数据的多维度统计与分析,具体来说,包括能耗数据监测、多维用能分析、定制报表服务、异常自动报警、设备智能控制以及系统综合管控六大功能。

## 7.6.2　AI 技术

中国城镇化发展已经由高速发展转变为高质量发展,城市更新作为新时期城镇化主战场,主要方向是智能化,即通过对空间和基础设施的智能化改造,建设智慧社区。当智慧零碳社区进入 AI 时代,产品分类会变得越来越丰富,相应的领域也会更广泛。例如智慧交通、智慧能源、无人驾驶、智慧安防等,AI 技术将成为这些方面的主要组成技术。同时,为实现零碳社区,AI 技术也将会与城市社区的发展深度融合。

对城市社区而言,建立一个比较完整的零碳社区治理框架是后续讨论的基础。低碳社区是减碳的核心抓手,从城市社区管理角度来说,要促进双碳目标的实现,不仅要符合双碳的底层逻辑,即减少排放、增加碳汇,还要符合城市治理规律,能够兼顾经济、社会、生态各方面的协调发展。而 AI 在其中能够发挥如下作用:第一,利用数字智能技术动态监测社区的能源消耗、产业和市场变动,引导能源转型、产业结构调整。第二,助力社区自身的管理运营效能提升,在建筑、交通、园林等方面减少排放、增加碳汇。一些典型的 AI 技术如人脸识别、智能巡检、数字孪生、智能平台等 AI 技术的引入,将传统社区运营管理智慧化。第三,通过 AI 技术对原有产业进行数字化、智能化提升改造,或者导入新的高端 AI 产业,可以实现城市原有产业体系的升级和换挡,打造智慧产业社区。

# 7.7　小　　结

智慧零碳社区的发展路径是在全球应对气候变化和减缓环境影响的背景下崛起的一种先进社区发展模式。该路径以零碳排放为目标,结合智能技术和可再生能源,构建一个高效、清洁、环保的社区。智慧零碳社区的发展路径是对气候变化和城市化挑战的积极回应,通过智能技术和可持续发展原则的结合,为实现零碳排放的目标提供了创新性的社区解决方案。这一路径的成功实践不仅将对社区居民的生活产生积极影响,还有望为其他地区提供借鉴和推广的范本。

# 习　题

1．我国智慧低碳社区未来发展的目标是什么？为什么要实现智慧零碳社区？

2．为什么说利用物联网、大数据和AI等先进科技是构建智慧化管理系统的关键？

3．请列举至少3种清洁能源，并说明它们在实现零碳社区目标中的作用。

4．零碳建筑是如何通过节能设计和绿色建材等手段减少碳排放的？为什么说这对实现零碳社区至关重要？

5．零碳交通被认为是未来发展的必然趋势，请简述理由并举例说明可采取的减少交通领域碳排放的具体措施。

6．废物回收与利用在智慧低碳社区发展中占据怎样的地位？为什么说有效的废物管理是实现零碳社区目标的重要组成部分？

7．在智慧低碳社区的未来发展规划中，为什么需要全面考虑清洁能源、零碳建筑、零碳交通、废物回收与利用等关键领域？它们之间的关系是怎样的？

8．你认为实现智慧零碳社区的目标对我国的发展具有哪些重要意义？请举例说明。

9．在未来的发展规划中，如何确保智慧低碳社区的可持续性？请列举几条你认为最有效的方法。

10．总结智慧低碳社区未来发展应该具备的特征。

# 附录 A 温室气体"全球变暖潜势"

表 A-1 列出了政府间气候变化专门委员会（IPCC）第二次、第三次、第四次、第五次和第六次评估报告中提供的 100 年 GWP 值。为统一口径，本方法学默认采用 IPCC 第二次评估报告数值，这也是《省级温室气体清单编制指南（试行）》中推荐的数值。

表A-1 IPCC评估报告中的 100 年"全球变暖潜势"值

| 温室气体种类 | | IPCC第二次评估报告值（1995 年） | IPCC第三次评估报告值（2001 年） | IPCC第四次评估报告值（2007 年） | IPCC第五次评估报告值（2013 年） | IPCC第六次评估报告值（2022 年） |
|---|---|---|---|---|---|---|
| 二氧化碳（$CO_2$） | | 1 | 1 | 1 | 1 | 1 |
| 甲烷（$CH_4$） | | 21 | 23 | 25 | 28 | 27.9 |
| 氧化亚氮（$N_2O$） | | 310 | 296 | 298 | 265 | 273 |
| 氢氟碳化物（HFCs） | HFC-23 | 11700 | 12000 | 14800 | 12400 | 14600 |
| | HFC-32 | 650 | 550 | 675 | 677 | 771 |
| | HFC-125 | 2800 | 3400 | 3500 | 3170 | 3740 |
| | HFC-134a | 1300 | 1300 | 1430 | 1300 | 1530 |
| | HFC-143a | 3800 | 4300 | 4470 | 4800 | 5810 |
| | HFC-152a | 140 | 120 | 124 | 138 | 164 |
| | HFC-227ea | 2900 | 3500 | 3220 | 3350 | 3600 |
| | HFC-236fa | 6300 | 9400 | 9810 | 8060 | 8690 |
| | HFC-245fa | - | 950 | 1030 | 858 | 962 |
| 全氟化碳（PFCs） | $CF_4$ | 6500 | 5700 | 7390 | 6630 | 7380 |
| | $C_2F_6$ | 9200 | 11900 | 9200 | 11100 | 12400 |
| 六氟化硫（$SF_6$） | | 23900 | 22200 | 22800 | 23500 | 24300 |

数据来源：IPCC. 1995，IPCC Second Assessment Report： Climate Change 1995

IPCC. 2001，IPCC Third Assessment Report： Climate Change 2001

IPCC. 2007，IPCC Fourth Assessment Report： Climate Change 2007

IPCC. 2013，IPCC Fifth Assessment Report： Climate Change 2013

IPCC. 2022，IPCC sixth Assessment Report： Climate Change 2022

# 附录 B 能源活动相关参数的参考值

能源活动相关参数的参考值如表 B-1～表 B-4 所示。

表B-1 化石燃料低位发热量、单位热值含碳量和碳氧化率参考值

| 燃料品种 | | 低位发热量（GJ/t，GJ/万Nm³） | 单位热值含碳量（tC/GJ） | 碳氧化率 |
|---|---|---|---|---|
| 固体燃料 | 无烟煤 | 26.7 c | 27.4×10⁻³ b | 0.940 |
| | 烟煤 | 19.570 d | 26.1×10⁻³ b | 0.930 |
| | 其他洗煤 | 12.545 a | 25.41×10⁻³ b | 0.900 |
| | 型煤 | 17.460 d | 33.6×10⁻³ b | 0.900 |
| | 焦炭 | 28.435 a | 29.5×10⁻³ b | 0.930 |
| 液体燃料 | 燃料油 | 41.816 a | 21.1×10⁻³ b | 0.980 |
| | 汽油 | 43.070 a | 18.9×10⁻³ b | 0.980 |
| | 柴油 | 42.652 a | 20.2×10⁻³ b | 0.980 |
| | 一般煤油 | 43.070 a | 19.6×10⁻³ b | 0.980 |
| | 液化石油气 | 50.179 a | 17.2×10⁻³ b | 0.980 |
| 气体燃料 | 天然气 | 389.31 a | 15.3×10⁻³ b | 0.990 |
| | 炼厂干气 | 45.998 a | 18.2×10⁻³ b | 0.980 |
| | 焦炉煤气 | 179.81 a | 13.58×10⁻³ b | 0.990 |

a：数据来自《中国能源统计数据2013》。
b：数据来自《省级温室气体清单编制指南（试行）》。
c：数据来自《2006年IPCC国家温室气体清单指南》
d：数据来自《中国温室气体清单研究》（2007）

表B-2 电力和热力排放因子参考值

| 种 类 | 单 位 | 排 放 因 子 |
|---|---|---|
| 电力的碳排放因子 $EF_e$ | tCO₂/MW·h | 采用国家最新发布值 |
| 热力的碳排放因子 $EF_h$ | tCO₂/GJ | 0.11（注明来源） |

表B-3 交通工具排放因子参考值

| 交通工具类型 | 单 位 | 排放因子[*1] |
|---|---|---|
| 小型乘用车（≤1.4L） | tCO₂/p·km | 1.7293×10⁻⁴ |
| 中型乘用车（1.4L～2.0L） | | 3.6627×10⁻⁴ |

| 交通工具类型 | 单 位 | 排放因子[1] |
|---|---|---|
| 大型乘用车（>2.0L） | | $4.3885 \times 10^{-4}$ |
| 摩托车 | | $1.2389 \times 10^{-4}$ |
| 常规公共汽车 | | $1.0905 \times 10^{-4}$ |
| 地铁 | $tCO_2/p \cdot km$ | $9.516 \times 10^{-5}$ |
| 无轨电车 | | $1.0227 \times 10^{-4}$ |
| 轻型客车 | | $5.516 \times 10^{-5}$ |

数据来源：Ecoevent 3.1数据库，2014年更新。

[1]：排放因子均采用IPCC第四次评估报告（2007）对交通工具进行全生命周期评价的结果。

表B-4 生物质燃料燃烧排放因子

| 生物质燃料 | 计 量 单 位 | $CH_4$ 排放因子 | $N_2O$ 排放因子 |
|---|---|---|---|
| 秸秆 | | 5.2 | 0.13 |
| 薪柴 | 克温室气体/千克（燃料） | 2.7 | 0.08 |
| 木炭 | $[gCH_4（N_2O）/kg]$ | 6 | 0.03 |
| 动物粪便 | | 3.6 | 0.05 |

数据来源：《省级温室气体清单编制指南（试行）》。

# 附录 C　废弃物处理相关参数的参考值

废弃物处理相关参数的参考值如表 C-1～表 C-5 所示。

表C-1　生活污水CH₄排放各区域BOD/COD参考值

| 区　　域 | BOD/COD |
|---|---|
| 全国 | 0.46 |
| 华北 | 0.45 |
| 东北 | 0.46 |
| 华东 | 0.43 |
| 华中 | 0.49 |
| 华南 | 0.47 |
| 西南 | 0.51 |
| 西北 | 0.41 |

数据来源：《省级温室气体清单编制指南（试行）》。

表C-2　生活污水N₂O排放的活动水平数据参考值

| 活动水平数据 | 单　位 | 推荐值 | 范　围 |
|---|---|---|---|
| 蛋白质中的氮含量$F_{NPR}$ | tN/tProtein | 0.16 | 0.15～0.17 |
| 生活污水中的非消耗蛋白质因子$F_{NON-CON}$ | % | 1.5 | 1.0～1.5 |
| 工业和商业的蛋白质排放因子$F_{IND-COM}$ | % | 1.25 | 1.0～1.5 |
| 随污泥清除的氮$N_S$ | tN | 0 | |

数据来源：《省级温室气体清单编制指南（试行）》。

表C-3　生活垃圾填埋处理排放因子参考值

| 排放因子 | | 单　位 | 数　值 |
|---|---|---|---|
| 甲烷修正因子MCF | 管理 | % | 1 |
| | 非管理-深埋（＞5m） | | 0.8 |
| | 非管理-浅埋（＜5m） | | 0.4 |
| | 未分类 | | 0.4 |
| 可降解有机碳DOC | 食品垃圾 | tC/t | 0.15 |
| | 庭园和公园废弃物 | | 0.2 |
| | 纸张/纸板 | | 0.4 |

续表

| 排　放　因　子 | | 单　　位 | 数　　值 |
|---|---|---|---|
| 可分解的可降解有机碳比例DOC$_F$ | | % | 0.5 |
| 垃圾填埋气体中的甲烷比例F | | % | 0.5 |
| 甲烷回收量R | | tCH$_4$ | 0 |
| 氧化因子OX | 管理型填埋场 | % | 0.1 |
| | 非管理型填埋场 | | 0 |

数据来源：《省级温室气体清单编制指南（试行)》。

表C-4　生活垃圾焚烧处理排放因子参考值

| 排　放　因　子 | 范　　围 | 数　　值 |
|---|---|---|
| 生活垃圾中含碳量比例CCW | （湿）33%～35% | 20% |
| 生活垃圾中矿物碳占碳总量的比例FCF | 30%～50% | 39% |
| 废弃物焚烧炉的燃烧效率EF$_{wi}$ | 95%～99% | 95% |

数据来源：《省级温室气体清单编制指南（试行)》。

表C-5　生活污水处理产生的CH$_4$排放因子参考值

| 排　放　因　子 | 单　　位 | 数　　值 |
|---|---|---|
| 甲烷最大产生能力B$_0$ | tCH$_4$/tBOD | 0.6 |
| 污水处理场的甲烷修正因子MCF$_{ww}$ | % | 0.165 |
| 甲烷回收量R | tCH$_4$ | 0 |

数据来源：《省级温室气体清单编制指南（试行)》。

# 附录 D　农业相关参数的参考值

农业相关参数的参考值如表 D-1～表 D-3 所示。

表D-1　动物肠道发酵CH₄排放因子参考值

| 动 物 种 类 | 计 量 单 位 | 农 户 饲 养 | 放 牧 饲 养 |
|---|---|---|---|
| 奶牛 | 千克CH₄/头（kgCH₄/头） | 89.3 | 99.3 |
| 非奶牛 | | 67.9 | 85.3 |
| 水牛 | | 87.7 | — |
| 绵羊 | | 8.7 | 7.5 |
| 山羊 | | 9.4 | 6.7 |
| 猪 | | 1 | |
| 家禽 | | — | |
| 马 | | 18 | |
| 驴/骡 | | 10 | |
| 骆驼 | | 46 | |

数据来源：《省级温室气体清单编制指南（试行）》。

表D-2　动物粪便管理CH₄排放因子参考值

计量单位：kgCH₄/头

| 动物种类 | 华 北 | 东 北 | 华 东 | 华 中 | 华 南 | 西 南 | 西 北 |
|---|---|---|---|---|---|---|---|
| 奶牛 | 7.46 | 2.23 | 8.33 | 8.45 | 8.45 | 6.51 | 5.93 |
| 非奶牛 | 2.82 | 1.02 | 3.31 | 4.72 | 4.72 | 3.21 | 1.86 |
| 水牛 | 0 | 0 | 5.55 | 8.24 | 8.24 | 1.53 | 0 |
| 绵羊 | 0.15 | 0.15 | 0.26 | 0.34 | 0.34 | 0.48 | 0.28 |
| 山羊 | 0.17 | 0.16 | 0.28 | 0.31 | 0.31 | 0.53 | 0.32 |
| 猪 | 3.12 | 1.12 | 5.08 | 5.85 | 5.85 | 4.18 | 1.38 |
| 家禽 | 0.01 | 0.01 | 0.02 | 0.02 | 0.02 | 0.02 | 0.01 |
| 马 | 1.09 | 1.09 | 1.64 | 1.64 | 1.64 | 1.64 | 1.09 |
| 驴/骡 | 0.6 | 0.6 | 0.9 | 0.9 | 0.9 | 0.9 | 0.6 |
| 骆驼 | 1.28 | 1.28 | 1.92 | 1.92 | 1.92 | 1.92 | 1.28 |

数据来源：《省级温室气体清单编制指南（试行）》。

### 表D-3　动物粪便管理N₂O排放因子参考值

计量单位：kgN$_2$O/头

| 动物种类 | 华　　北 | 东　　北 | 华　　东 | 华　　中 | 华　　南 | 西　　南 | 西　　北 |
|---|---|---|---|---|---|---|---|
| 奶牛 | 1.846 | 1.096 | 2.065 | 1.71 | 1.71 | 1.884 | 1.447 |
| 非奶牛 | 0.794 | 0.913 | 0.846 | 0.805 | 0.805 | 0.691 | 0.545 |
| 水牛 | 0 | 0 | 0.875 | 0.86 | 0.86 | 1.197 | 0 |
| 绵羊 | 0.093 | 0.057 | 0.113 | 0.106 | 0.106 | 0.064 | 0.074 |
| 山羊 | 0.093 | 0.057 | 0.113 | 0.106 | 0.106 | 0.064 | 0.074 |
| 猪 | 0.227 | 0.266 | 0.175 | 0.157 | 0.157 | 0.159 | 0.195 |
| 家禽 | 0.007 | 0.007 | 0.007 | 0.007 | 0.007 | 0.007 | 0.007 |
| 马 | 0.33 | 0.33 | 0.33 | 0.33 | 0.33 | 0.33 | 0.33 |
| 驴/骡 | 0.188 | 0.188 | 0.188 | 0.188 | 0.188 | 0.188 | 0.188 |
| 骆驼 | 0.33 | 0.33 | 0.33 | 0.33 | 0.33 | 0.33 | 0.33 |

数据来源：《省级温室气体清单编制指南（试行）》。

# 附录 E　低碳社区碳减排量核算报告模板

## E.1　低碳社区基本信息

低碳社区基本信息如表 E-1 所示。

表E-1　低碳社区基本信息

| 社区名称 | | | |
|---|---|---|---|
| 社区性质 | □ 城市新建社区试点　　□ 城市既有社区试点　　□ 农村社区试点 | | |
| 建设地址 | | 所属区域 | （华北/东北/华东/华中/西北/南方/海南区域） |
| 试点申报单位 | □ 新区管委会　　　　□ 街道办事处　　　　□ 乡镇政府 | | |
| 申报单位联系人 | | 联系电话 | |
| 社区介绍 | 1. 社区的历史建成时间；<br>2. 社区的规模，包括户数、常住人口、商住人口、暂住人口和总人口等；<br>3. 社区的占地面积以及功能区分，包括居民小区、社会单位、道路等；<br>4. 附社区的平面布局图。 | | |

## E.2　低碳社区的建设情况

❑ 说明低碳社区建设周期，包括建设时间以及建成时间。

❑ 详细说明低碳社区的建设内容，如居民楼内节水器具的更换比例、社区内可再生能源路灯改造、社区雨水收集装置的安装等。

# E.3 低碳社区碳减排量核算

## E.3.1 核算边界和碳排放源

根据三类低碳社区核算边界和碳排放源的确定方法，分别明确核算边界和碳排放源，并按照表 E-2 进行填写。

表E-2 低碳社区碳排放源识别

| 部 门 | | 排 放 源 | 对应活动/设施 | 排放类别<br>（直接碳排放/间接碳排放） |
|---|---|---|---|---|
| 能源活动 | 建筑 | 无烟煤 | 小区内燃煤供热锅炉 | 直接碳排放 |
| | | 外部电力 | 住宅楼、公共建筑等 | 间接碳排放 |
| | | …… | …… | …… |
| | 交通 | 机构用车 | 社区派出所使用机构用车出勤 | 直接碳排放 |
| | | …… | …… | …… |
| | 生物质燃料 | 薪柴 | 农村社区内的灶台 | 直接碳排放 |
| | | …… | …… | …… |
| 农业 | 动物肠道发酵 | 猪 | 农户散养 | 直接碳排放 |
| | | …… | …… | …… |
| | 动物粪便管理 | 猪 | 农户散养 | 直接碳排放 |
| | | …… | …… | …… |
| 废弃物处理 | | 生活垃圾 | 社区内生活垃圾处理设备 | 直接碳排放 |
| | | 垃圾运输车 | 生活垃圾委外处理运输至垃圾处理场 | 间接碳排放 |
| | | …… | …… | …… |

## E.3.2 低碳情景下碳排放量核算

分别说明以下部门在计算碳排放量时，所需要数据选取的时间段以及数据来源。

## 1. 建筑碳排放量核算

（1）建筑的化石燃料燃烧碳排放量核算见表 E-3。

表 E-3　建筑的化石燃料燃烧碳排放量核算

| 部门 | | 活动水平数据 | | | 排放因子 | | | | 碳排放量(tCO₂) | 排放类别(直接/间接) |
|---|---|---|---|---|---|---|---|---|---|---|
| | | 燃料的消费量 $FC_i$(t, 万Nm³) | 低位发热 $NCV_i$(GJ/t, GJ/万Nm³) | 来源 | 单位热值含碳量 $CC_i$(tC/GJ) | 碳氧化率 $OF_i$(%) | 碳换算成 $CO_2$ 的系数 (tCO₂/tC) | 来源 | | |
| 固体燃料 | 无烟煤 | | | | | | 44/12 | | | |
| | 烟煤 | | | | | | 44/12 | | | |
| | 其他洗煤 | | | | | | 44/12 | | | |
| | 型煤 | | | | | | 44/12 | | | |
| | 焦炭 | | | | | | 44/12 | | | |
| 液体燃料 | 燃料油 | | | | | | 44/12 | | | |
| | 汽油 | | | | | | 44/12 | | | |
| | 柴油 | | | | | | 44/12 | | | |
| | 一般煤油 | | | | | | 44/12 | | | |
| | 液化石油气 | | | | | | 44/12 | | | |
| 气体燃料 | 天然气 | | | | | | 44/12 | | | |
| | 炼厂干气 | | | | | | 44/12 | | | |
| | 焦炉煤气 | | | | | | 44/12 | | | |
| 合计 | | | | | | | | | | |

（2）建筑的外部电力和热力碳排放量核算见表 E-4。

表E-4　建筑的外部电力和热力碳排放量核算

| 部　门 | 活动水平数据 | | | 排　放　因　子 | | | 碳排放量 (tCO$_2$) | 排放类别（直接/间接） |
|---|---|---|---|---|---|---|---|---|
| | 电力消费量 AD$_e$ (MW·h) | 热力消费量 AD$_h$ (GJ) | 来源 | 电力的碳排放因子 EF$_e$ (tCO$_2$/(MW·h)) | 热力的碳排放因子 EF$_h$ (tCO$_2$/GJ) | 来源 | | |
| 消费的外部电力 | | | | | | | | |
| 消费的外部热力 | | | | | | | | |
| 合计 | | | | | | | | |

## 2. 交通碳排放量核算

交通碳排放量核算见表 E-5。

表E-5 交通碳排放量核算

| 部门 | | 活动水平数据 | | | | 排放因子 | | 碳排放量 (tCO$_2$) | 排放类别（直接/间接） |
| --- | --- | --- | --- | --- | --- | --- | --- | --- | --- |
| | | 社区常住人口总数T（p） | 交通工具的出行比例OP$_t$（%） | 交通工具的平均出行半径S（km） | 来源 | 交通工具碳排放因子 EF$_t$（tCO$_2$/p·km） | 来源 | | |
| 所有权属于社区的交通工具 | 小型乘用车（≤1.4L） | | | | | | | | |
| | 中型乘用车（1.4L~2.0L） | | | | | | | | |
| | 大型乘用车（>2.0L） | | | | | | | | |
| | 摩托车 | | | | | | | | |
| 所有权属于社区外的交通工具 | 小型乘用车（≤1.4L） | | | | | | | | |
| | 中型乘用车（1.4L~2.0L） | | | | | | | | |
| | 常规公共汽车 | | | | | | | | |
| | 地铁 | | | | | | | | |
| | 无轨电车 | | | | | | | | |
| | 轻型客车 | | | | | | | | |
| 合计 | | | | | | | | | |

## 3. 生物质燃料燃烧碳排放量核算

生物质燃料燃烧碳排放量核算 见表 E-6。

表E-6 生物质燃料燃烧碳排放量核算

| 部门（门） | 活动水平数据 | | 排 放 因 子 | | | $GWP_{CH_4}$ $tCO_2/tCH_4$ | $GWP_{N_2O}$ $tCO_2/tN_2O$ | 碳排放量 （$tCO_2$） | 排放类别 （直接/间接） |
|---|---|---|---|---|---|---|---|---|---|
| | 燃料消耗量 $AD_{bio,i}$（t） | 来源 | $CH_4$排放因子 $EF_{bio,CH_4}$（$gCH_4/kg$） | $N_2O$排放因子 $EF_{bio,N_2O}$（$gN_2O/kg$） | 来源 | | | | |
| 木炭 | | | | | | | | | |
| 薪柴 | | | | | | | | | |
| 秸秆 | | | | | | | | | |
| 动物粪便 | | | | | | | | | |
| 合计 | | | | | | | | | |

## 4. 农业碳排放核算

（1）动物肠道发酵碳排放量核算见表 E-7。

表 E-7 动物肠道发酵碳排放量核算

| 部门 | | 活动水平数据 | | 排放因子 | | $GWP_{CH_4}$ $tCO_2/tCH_4$ | 碳排放量 $(tCO_2)$ | 排放类别（直接/间接） |
|---|---|---|---|---|---|---|---|---|
| | | 动物的数量 $AD_{ani}$（头） | 来源 | $CH_4$ 排放因子 $EF_{enteric,CH_4}$（$kgCH_4$/头） | 来源 | | | |
| 奶牛 | 农户饲养 | | | | | | | |
| | 放牧饲养 | | | | | | | |
| 非奶牛 | 农户饲养 | | | | | | | |
| | 放牧饲养 | | | | | | | |
| 水牛 | 农户饲养 | | | | | | | |
| | 放牧饲养 | | | | | | | |
| 绵羊 | 农户饲养 | | | | | | | |
| | 放牧饲养 | | | | | | | |
| 山羊 | 农户饲养 | | | | | | | |
| | 放牧饲养 | | | | | | | |
| 猪 | 农户饲养 | | | | | | | |
| | 放牧饲养 | | | | | | | |
| 家禽 | 农户饲养 | | | | | | | |
| | 放牧饲养 | | | | | | | |
| 马 | 农户饲养 | | | | | | | |
| | 放牧饲养 | | | | | | | |
| 驴/骡 | 农户饲养 | | | | | | | |
| | 放牧饲养 | | | | | | | |
| 骆驼 | 农户饲养 | | | | | | | |
| | 放牧饲养 | | | | | | | |
| 合计 | | | | | | | | |

（2）动物粪便管理碳排放量核算见表 E-8。

表E-8　动物粪便管理碳排放量核算

| 部门 | | 活动水平数据 | | 排　放　因　子 | | | | GWP$_{CH_4}$ tCO$_2$/ tCH$_4$ | GWP$_{N_2O}$ tCO$_2$/ tN$_2$O | 碳排放量 （tCO$_2$） | 排放类别 （直接/间接） |
|---|---|---|---|---|---|---|---|---|---|---|---|
| | | 动物的数量 AD$_{ani}$（头） | 来源 | CH$_4$排放因子 EF$_{feces,CH_4}$（kgCH$_4$/头） | | N$_2$O排放因子 EF$_{feces,N_2O}$（kgN$_2$O/头） | 来源 | | | | |
| 奶牛 | 农户饲养 | | | | | | | | | | |
| | 放牧饲养 | | | | | | | | | | |
| 非奶牛 | 农户饲养 | | | | | | | | | | |
| | 放牧饲养 | | | | | | | | | | |
| 水牛 | 农户饲养 | | | | | | | | | | |
| | 放牧饲养 | | | | | | | | | | |
| 绵羊 | 农户饲养 | | | | | | | | | | |
| | 放牧饲养 | | | | | | | | | | |
| 山羊 | 农户饲养 | | | | | | | | | | |
| | 放牧饲养 | | | | | | | | | | |
| 猪 | 农户饲养 | | | | | | | | | | |
| | 放牧饲养 | | | | | | | | | | |
| 家禽 | 农户饲养 | | | | | | | | | | |
| | 放牧饲养 | | | | | | | | | | |
| 马 | 农户饲养 | | | | | | | | | | |
| | 放牧饲养 | | | | | | | | | | |
| 驴/骡 | 农户饲养 | | | | | | | | | | |
| | 放牧饲养 | | | | | | | | | | |
| 骆驼 | 农户饲养 | | | | | | | | | | |
| | 放牧饲养 | | | | | | | | | | |
| 合计 | | | | | | | | | | | |

## 5. 废弃物处理碳排放量核算

废弃物处理碳排放量核算见表 E-9～表 E-13。

表E-9　生活垃圾填埋处理碳排放量核算

| 部门 | 活动水平数据 | | 排放因子 | | | | | | | | | 碳排放量（tCO$_2$） | 排放类别（直接/间接） |
|---|---|---|---|---|---|---|---|---|---|---|---|---|---|
| | 生活垃圾处理量 MSW（t） | 来源 | 甲烷修正因子 MCF（%） | 甲烷产生潜力 L$_0$（tCH$_4$/t） | | | | 甲烷回收量 R（tCH$_4$） | 氧化因子 OX（%） | 来源 | GWP$_{CH_4}$ tCO$_2$/tCH$_4$ | | |
| | | | | 可降解有机碳含量 DOC（tC/t） | 可降解的 DOC 比例 DOC$_F$（%） | 甲烷比例 F（%） | 甲烷换成碳换算系数（tCH$_4$/tC） | | | | | | |
| 在社区内处理 | | | | | | | 16/12 | | | | | | |
| 委外处理 | | | | | | | 16/12 | | | | | | |
| 合计 | | | | | | | | | | | | | |

表E-10　生活垃圾焚烧处理碳排放量核算

| 部门 | 活动水平数据 | | 排放因子 | | | | | 碳排放量（tCO$_2$） | 排放类别（直接/间接） |
|---|---|---|---|---|---|---|---|---|---|
| | 生活垃圾处理量 MSW（t） | 来源 | 含碳量比例 CCW（%） | 矿物碳占碳总量的比例 FCF（%） | 焚烧炉的燃烧效率 EF$_{wi}$（%） | 二氧化碳转换成碳换算系数（tCO$_2$/tC） | 来源 | | |
| 在社区内处理 | | | | | | 44/12 | | | |
| 委外处理 | | | | | | 44/12 | | | |
| 合计 | | | | | | | | | |

表E-11 生活垃圾委外处理运输碳排放量核算

| 部门 | 活动水平数据 | | 排放因子 | | | | 碳排放量（tCO₂） | 排放类别（直接/间接） |
|---|---|---|---|---|---|---|---|---|
| | 生活垃圾处理量 MSW（t） | 来源 | 生活垃圾的运输距离 s（km） | 来源 | 生活垃圾的运输排放因子 $EF_{wt}$（tCO₂/t·km） | 来源 | | |
| 垃圾运输车 | | | | | | | | |
| 合计 | | | | | | | | |

表E-12 生活污水处理产生的CH₄引起的碳排放量核算

| 部门 | 活动水平数据 | | 排放因子 | | | | | 碳排放量（tCO₂） | 排放类别（直接/间接） |
|---|---|---|---|---|---|---|---|---|---|
| | 有机物总量 TOW（tBOD） | 来源 | 甲烷最大产生能力 $B_o$（tCH₄/tBOD） | 甲烷修正因子 $MCF_{WW}$（%） | 甲烷回收量 R（tCH₄） | 来源 | $GWP_{CH_4}$ tCO₂/tCH₄ | | |
| 在社区内处理 | | | | | | | | | |
| 委外处理 | | | | | | | | | |
| 合计 | | | | | | | | | |

表E-13 生活污水处理产生的N₂O引起的碳排放量核算

| 部门 | 活动水平数据 | | | | | | 排放因子 | | | | 碳排放量（tCO₂） | 排放类别（直接/间接） |
|---|---|---|---|---|---|---|---|---|---|---|---|---|
| | 社区人口数量 T（p） | 污水中氮含量 $L_0$（tN） | | | | | N₂O排放因子 $EF_E$（tN₂O/tN） | 来源 | 换算系数 | $GWP_{N_2O}$ tCO₂/tN₂O | | |
| | | 人均蛋白质消耗量 $P_r$（tProtein/p） | 蛋白质中的氮含量 $F_{NPR}$（tN/tProtein） | 非消耗蛋白白质因子 $F_{NON-CON}$（%） | 工业和商业的蛋白质排放因子 $F_{IND-COM}$（%） | 随污泥清除的氮 $N_S$（tN） | | | | | | |
| 在社区内处理 | | | | | | | | | 44/28 | | | |
| 委外处理 | | | | | | | | | 44/28 | | | |
| 合计 | | | | | | | | | | | | |

**6．低碳情景下的碳排放量**

分别求和计算低碳情景下碳排放量 $E_L$。

## E.3.3　基准情景下的碳排放量核算

分别说明以下部门在计算碳排放量时所需数据选取的时间段以及数据来源。

**1．建筑活动碳排放量核算**

按照表 E-3 和表 E-4 填写。

**2．交通碳排放量核算**

按照表 E-5 填写。

**3．生物质燃料燃烧碳排放量核算**

按照表 E-6 填写。

**4．农村碳排放量核算**

按照表 E-7 和表 E-8 填写。

**5．废弃物处理碳排放量核算**

按照表 E-9～表 E-13 填写。

**6．校准碳排放量**

分别计算校准碳排放量 $E_A$。

## E.3.4　低碳社区碳减排量

根据低碳情景下碳排放量和校准碳排放量，分别计算低碳社区碳减排量 ER。